中国石油气藏型储气库丛书

储气库风险管控

罗金恒　赵新伟　李丽锋　等编著

石油工业出版社

内 容 提 要

　　本书围绕气藏型储气库风险管控难题,提出了气藏型储气库风险管控理念、对象与体系内涵,总结了国内外气藏型储气库风险管控关键技术现状,系统介绍了气藏型储气库监测、风险评估、检测评价和风险控制等系列关键技术。

　　本书可供储气库技术研究和管理人员参考阅读,也可供高等院校相关专业师生参考使用。

图书在版编目(CIP)数据

　　储气库风险管控/罗金恒等编著 . —北京:石油
工业出版社,2024.3
　　(中国石油气藏型储气库丛书)
　　ISBN 978 - 7 - 5183 - 2605 - 1

　　Ⅰ.① 储… Ⅱ.① 罗… Ⅲ.① 地下储气库 – 安全监测
Ⅳ.① TE972

　　中国国家版本馆 CIP 数据核字(2023)第 142640 号

出版发行:石油工业出版社
　　　(北京安定门外安华里 2 区 1 号楼　100011)
　　　网　　址:www.petropub.com
　　　编辑部:(010)64523825　图书营销中心:(010)64523633
经　　销:全国新华书店
印　　刷:北京中石油彩色印刷有限责任公司
2024 年 3 月第 1 版　2024 年 3 月第 1 次印刷
787×1092 毫米　开本:1/16　印张:12
字数:300 千字
定价:100.00 元
(如出现印装质量问题,我社图书营销中心负责调换)

《中国石油气藏型储气库丛书》
编 委 会

主　　任：赵政璋

副 主 任：吴　奇　马新华　何江川　汤　林

成　　员：（按姓氏笔画排序）

丁国生	王　平	王建军	王春燕	王皆明
毛川勤	毛蕴才	文　明	东静波	卢时林
申瑞臣	冉蜀勇	付建华	付锁堂	刘存林
刘国良	刘科慧	李　彬	李丽锋	吴安东
何　刚	何光怀	张刚雄	陈显学	武　刚
罗长斌	罗金恒	郑得文	赵平起	赵爱国
班兴安	袁光杰	董　范	谭中国	熊建嘉
熊腊生	霍　进	魏国齐		

《储气库风险管控》

编 委 会

主　　任：罗金恒

副 主 任：赵新伟　李丽锋　王建军　朱丽霞

成　　员：（按姓氏笔画排序）

《储气库风险管控》

编写人员名单

章	编写人员
第一章	罗金恒　赵新伟　何　刚　朱丽霞
第二章	罗金恒　郑得文　徐　刚　夏　焱　胥洪成　张刚雄　王　飞　魏路路 孙军昌　王兆会　李丽锋　杨海军
第三章	赵新伟　罗金恒　李丽锋　王　珂　朱丽霞　杨海军　宋成立
第四章	王建军　罗金恒　陈　俊　王起京　刘　翀　李景翠
第五章	罗金恒　何　刚　王建军　李丽锋　李　隽　朱丽霞　王　珂　毛川勤 张凤琼　李发根　李方坡　刘　岩　胡瑾秋　武　刚

丛书序

进入 21 世纪,中国天然气产业发展迅猛,建成四大通道,天然气骨干管道总长已达 7.6 万千米,天然气需求急剧增长,全国天然气消费量从 2000 年的 245 亿立方米快速上升到 2019 年的 3067 亿立方米。其中,2019 年天然气进口比例高达 43%。冬季用气量是夏季的 4~10 倍,而储气调峰能力不足,严重影响了百姓生活。欧美经验表明,保障天然气安全平稳供给最经济最有效的手段——建设地下储气库。

地下储气库是将天然气重新注入地下空间而形成的一种人工气田或气藏,一般建设在靠近下游天然气用户城市的附近,在保障天然气管网高效安全运行、平衡季节用气峰谷差、应对长输管道突发事故、保障国家能源安全等方面发挥着不可替代的作用,已成为天然气"产、供、储、销"整体产业链中不可或缺的重要组成部分。2019 年,全世界共有地下储气库 689 座(北美 67%、欧洲 21%、独联体 7%),工作气量约 4165 亿立方米(北美 39%、欧洲 26%、独联体 28%),占天然气消费总量的 10.3% 左右。其中:中国储气库共有 27 座,总库容 520 亿立方米,调峰工作气量已达 130 亿立方米,占全国天然气消费总量的 4.2%。随着中国天然气业务快速稳步发展,预计 2030 年天然气消费量将达到 6000 亿立方米,天然气进口量 3300 亿立方米,对外依存度将超过 55%,天然气调峰需求将超过 700 亿立方米,中国储气库业务将迎来大规模建设黄金期。

为解决天然气供需日益紧张的矛盾,2010 年以来,中国石油陆续启动新疆呼图壁、西南相国寺、辽河双 6、华北苏桥、大港板南、长庆陕 224 等 6 座气藏型储气库(群)建设工作,但中国建库地质条件十分复杂,构造目标破碎,储层埋藏深、物性差,压力系数低,给储气库密封性与钻完井工程带来了严峻挑战;关键设备与核心装备依靠进口,建设成本与工期进度受制于人;地下、井筒和地面一体化条件苛刻,风险管控要求高。在这种情况下,中国石油立足自主创新,形成了从选址评价、工程建设到安全运行成套技术与装备,建成 100 亿立方米调峰保供能力,在提高天然气管网运行效率、平衡季节用气峰谷差、应对长输管道突发事故等方面发挥了重要作用,开创了我国储气库建设工业化之路。因此,及时总结储气库建设与运行的经验与教训,充分吸收国外储气库百年建设成果,站在新形势下储气库大规模建设的起点上,编写一套适合中国复杂地质条件下气藏型储气库建设与运行系列丛书,指导储气库快速安全有效发展,意义十分重大。

《中国石油气藏型储气库丛书》是一套按照地质气藏评价、钻完井工程、地面装备与建设和风险管控等四大关键技术体系,结合呼图壁、相国寺等六座储气库建设实践经验与成果,编撰完成的系列技术专著。该套丛书共包括《气藏型储气库总论》《储气库地质与气藏工程》《储气库钻采工程》《储气库地面工程》《储气库风险管控》《呼图壁储气库建设与运行管理实践》《相国寺储气库建设与运行管理实践》《双 6 储气库建设与运行管理实践》《苏桥储气库群建设与运行管理实践》《板南储气库群建设与运行管理实践》《陕 224 储气库建设与运行管理实践》等 11 个分册。编著者均为长期从事储气库基础理论研究与设计、现场生产建设和运营管理决策的专家、学者,代表了中国储气库研究与建设的最高水平。

本套丛书全面系统地总结、提炼了气藏型储气库研究、建设与运行的系列关键技术与经验,是一套值得在该领域从事相关研究、设计、建设与管理的人员参考的重要专著,必将对中国新形势下储气库大规模建设与运行起到积极的指导作用。我对这套丛书的出版发行表示热烈祝贺,并向在丛书编写与出版发行过程中付出辛勤汗水的广大研究人员与工作人员致以崇高敬意!

中国工程院院士 胡文瑞

2019 年 12 月

前　言

自 1915 年加拿大建成世界上首座地下储气库至今,全球地下储气库的建设和运营已有百余年历史,储气库在季节调峰、应急供气和战略储备方面发挥了举足轻重的作用,已成为国家天然气"产供储销"体系中不可或缺的重要组成部分。我国储气库建设起步较晚,20 世纪 90 年代初,随着陕京一线的建设,中国首批商业储气库建设才拉开序幕。进入 21 世纪,随着我国经济快速发展,低碳清洁的天然气需求急剧增长,天然气安全平稳供给形势日益严峻,储气库建设速度加快,截至 2023 年底,中国已建成投运 25 座天然气地下储气库(群),其中中国石油 14 座,工作气量达 $275 \times 10^8 \mathrm{m}^3$。2017 年冬季到 2018 年春季的全国大范围"气荒"更是将储气库的发展推向了新的历史高度,中国储气库已迎来新的发展机遇期,战略地位举足轻重。

储气库系统"强注强采"的功能是区别于常规气田的显著特点,可致使其承受交变地应力和交变载荷的作用,同时可能在腐蚀、冲蚀、岩层蠕变等潜在危害因素的共同作用下,影响储气库稳定性和安全可靠性。国外储气库重大事故教训表明,大规模交替注采、压力循环波动易造成储气圈闭地质构造失稳、井屏障退化和地面设备故障,甚至导致泄漏、燃烧或爆炸等事故发生。例如,2015 年 10 月,美国加利福尼亚州 Aliso Canyon 储气库 SS – 25 井因套管破损引发 $2 \times 10^8 \mathrm{m}^3$ 天然气泄漏,事故总损失超 10 亿美元,是美国历史上最严重的天然气泄漏事故。储气库安全运行直接关系到国民经济发展和社会稳定。随着我国大批储气库陆续投入运行,如何开展储气库风险管控已成为运营管理者面对的重大课题。储气库风险管控实质上是基于风险的储气库完整性管理,被国际上普遍认为是保障天然气地下储气库本质安全的有效手段。储气库风险管控应贯穿储气库全寿命周期,覆盖地层、井筒和地面注采所有设施,是储气库安全管理的发展方向,其总体目标就是保证储气库系统安全、可靠、受控,避免重大安全、环境责任事故发生,从而获得巨大的经济效益。

本书围绕气藏型储气库风险管控难题，阐述了气藏型储气库"地质体—井筒—地面"三位一体的风险管控理念、对象与体系内涵，总结了国内外气藏型储气库风险管控关键技术现状，重点介绍了气藏型储气库"地质体—井筒—地面"立体监测体系、储气库注采井风险定量评估方法、地面注采设施和管道风险评估方法、储气库井筒检测评价技术，以及管柱安全选材、环空压力诊断处理和压缩机故障诊断等风险控制关键技术。本书总结了笔者在储气库风险管控技术研究上取得的一些创新性成果，不仅具有先进性，而且具有工程适用性。

由于本书专业技术性强、涉及面广，加之水平有限，书中不当和不足之处在所难免，敬请广大读者批评指正。

目　　录

第一章　气藏型储气库风险管控现状和体系

随着我国大批储气库陆续建设并投入注采运行,如何开展储气库风险管控已成为运营管理者面对的重大课题,储气库安全运行直接关系到国民经济发展和社会稳定。储气库风险管控实质上是基于风险的储气库完整性管理,被国际上普遍认为是保障天然气地下储气库本质安全的有效手段。储气库风险管控是对"地质体—井筒—地面"三位一体的风险管控,应贯穿储气库全生命周期,是储气库安全管理的发展方向,其总体目标就是保证储气库系统安全、可靠、受控,避免重大安全、环境责任事故发生,从而获得巨大的经济效益。本章阐述了储气库风险管控、对象与体系内涵,并总结了国内外气藏型储气库风险管控关键技术现状。

第一节　国内外储气库建设和发展趋势

一、国内外储气库建设概况

自 1915 年加拿大建成世界上首座天然气地下储气库至今,全球地下储气库的建设和运营已有百余年,截至 2017 年初,全球储气库数量已达 672 座,工作气量 $4240 \times 10^8 m^3$,相当于 2016 年全球天然气消耗量的 12%。从地区分布来看,全球地下储气库主要分布在天然气市场较成熟的地区,北美、欧洲和独联体国家(主要是俄罗斯和乌克兰)拥有全球 90% 以上的地下储气库,而且从规模、类型、设计、运营管理等方面来看,都处于世界领先水平。

(一)国外储气库建设情况

截至 2016 年底,美国地下储气库总数约为 415 座,工作气量合计 $1363 \times 10^8 m^3$,分布在美国 30 个州内,可供美国居民住宅用气 20 年。美国 80% 的地下储气库($1090 \times 10^8 m^3$)为枯竭油气藏型,含水层型储气库($128 \times 10^8 m^3$)和盐穴型储气库($140 \times 10^8 m^3$)分别占 9.4% 和 10.3%。从不同类型地下储气库的分布看,枯竭油气藏型储气库遍布美国全境,含水层型储气库集中在中北部地区,尤其是密歇根湖南岸的伊利诺伊州和印第安纳州,盐穴型储气库则集中分布在墨西哥湾沿岸的路易斯安那州和密西西比州。美国充分发挥境内枯竭油气田众多的优势,同时合理利用境内丰富的地质构造,使境内地下储气库呈现类型齐全、各类型比例搭配适当的局面。

欧洲天然气地下储气库以德国、意大利、法国、奥地利、匈牙利、荷兰、英国等为主,约占欧盟地下储气库工作气量的 80%,其他欧洲国家储气库占比均小于 5%。比较典型的储气库有法国 TIGF 储气库(由 Lussagnet 和 Izaute 两个气库组成)、荷兰 Shell 公司 Norg 储气库、意大利 ENI 储气库、德国 VNG 公司储气库等。欧洲储气库工作气量超过 $100 \times 10^8 m^3$ 的国家有德国、意大利和法国,储气库工作气量分别为 $203 \times 10^8 m^3$、$173 \times 10^8 m^3$ 和 $123 \times 10^8 m^3$。德国作为天然气储备的重要地区,储气库发展较为迅速,截至 2016 年,德国储气库达到 62 座,为欧洲最多,单个储气库工作气量为 $4.3 \times 10^8 m^3$/座,处于平均水平。单个储气库工作气量最大的是荷兰,有 5 个储气库,其工作气量高达 $25.8 \times 10^8 m^3/$座。

2016 年,俄罗斯有地下储气库 26 座,其中枯竭油气藏型 17 座,含水层型 8 座,盐穴型 1 座,工作气量达 $736 \times 10^8 m^3$。22 座地下储气库主要分布在两大区域:一是从北部波罗的海向南到黑海沿岸,有 10 座地下储气库,几乎全部处在俄罗斯向欧洲出口天然气的 6 条输气管道附近;二是西西伯利亚南部的里海沿岸,有 12 座地下储气库,其中 5 座位于中亚—中央输气管道干线附近,另外 7 座分布在该管道系统的几条支线附近。乌克兰境内共有 13 座地下储气库,其中枯竭油气藏型 11 座,含水层型 2 座,工作气量达 $350 \times 10^8 m^3$。从分布上看,除克里米亚地区的 1 座地下储气库外,乌克兰的地下储气库呈明显的两极分化特征,东部 7 座,西部 5 座。东部的地下储气库位于俄罗斯通往乌克兰的输气管道附近,西部的地下储气库位于乌克兰通往欧洲的输气管道周边。

(二)我国储气库建设情况

我国地下储气库建设起步较晚[1],20 世纪 70 年代在大庆油田曾经利用枯竭气藏开展了建设储气库的尝试,直到 90 年代初,随着陕甘宁大气田的发现和陕京天然气输气管道的建设,才开始研究建设天然气地下储气库,以确保北京、天津两大城市安全供气。截至 2016 年底,我国建设地下储气库 25 座,分成 11 座储气库群。储气库分布在环渤海、长三角、西南、中西部、西北、东北、中南等地区,其中 24 座分布在长江以北地区。

从我国地下储气库库址筛选和评价结果来看,优质建库资源主要集中在西北、西南和东北地区。东部建库区的渤海湾盆地,由于油气藏地质条件复杂,构造破碎,建成大规模储气库的可能性较小;东部南方地区由于地质构造普查不足,基础资料严重匮乏,建库资源有限。尤其是长三角及东南沿海地区油气藏构造少,已探明的油气藏大都为构造破碎的断块小油气藏或零散油气藏,建库规模非常有限。中国的盐矿层总厚度虽大,但单层厚度小,可集中开采的盐层厚度薄、夹层多,含盐品位低,大大增加了建设盐穴型储气库的难度。

二、国内外储气库发展趋势

(一)国外储气库发展趋势

根据国际能源署(IEA)的预测,2030 年前,全球天然气需求量将保持年均 1.73% 的增长率,2030 年将达到 $4.5 \times 10^{12} m^3$。按照目前地下储气库工作气量占天然气消费量 10% 的比例估算,未来 5 ~ 10 年全球地下储气库的工作气量有 20% 的增长潜力。根据国际天然气联盟(IGU)预测,2030 年地下储气库调峰需求量将达到 $5030 \times 10^8 m^3$,在现有地下储气库基础上,需要新建地下储气库 183 座,预计需新增工作气量 $1406 \times 10^8 m^3$ 才能满足今后的调峰需求。

欧洲、北美和独联体国家仍是未来地下储气库需求和建设最集中的地区。一方面,这些地区的天然气市场成熟,地质条件较好,管网系统发达;另一方面,它们也是传统管道气贸易最活跃的地区,需要大量的天然气集输与储存设施。

欧美地下储气库的发展表明,储气库建设对天然气贸易和安全平稳供气具有重要保障作用,未来随着天然气需求的增加和贸易的多元化,全球范围内对地下储气库的需求也将增长。另外,受液化天然气(LNG)贸易迅速发展和油气价格持续低迷影响,全球天然气贸易形式正发生变化,长期供气协议和照付不议的合同模式受到越来越多的诟病,天然气短期贸易量激增,而这需要储气库进行有效周转,也是未来推动地下储气库建设的重要因素。

地下储气库需求与建设未来将呈现较明显的区域分化:欧洲将是地下储气库需求与建设增长的主要地区;美国和俄罗斯的地下储气库分别会以非常规天然气发展和天然气出口需求为依托继续增加;亚洲、中东等地区的地下储气库需求也将有适度增长,但在全球地下储气库数量和工作气量中所占比例仍将保持较低水平。

(二)我国储气库发展趋势

我国天然气消费需求在不断上升,2017年中国天然气进口量为 $920 \times 10^8 m^3$,对外依存度接近40%,而中国地下储气库工作气量仅占消费量的4%,远远低于部分发达国家的水平。2017年冬季,蔓延至全国多个省市地区的一场"气荒",再一次显示出天然气调峰保供任务的艰巨性和紧迫性,地下储气库的建设直接关系到天然气产业发展,不断增加我国天然气地下储气库数量才能够更好地满足社会需要,因此,我国要加大地下储气库建设,提升储气调峰能力[2]。

目前,中国西部地区以油气藏、东部以油气藏与含水层、南方以盐穴与含水层为主开展建设储气库,结合中国天然气总体格局和储气库建设,根据中长期的规划,未来中国将形成以西部天然气战略储备为主、中部天然气为调峰枢纽、东部消费市场区域为调峰中心的储气库调峰格局。2018年2月,国家能源局印发了《2018年能源工作指导意见》,要求建立天然气储备制度,落实县级以上地方人民政府、供气企业、城燃企业和不可中断大用户的储气调峰责任和义务,提升储气调峰能力。根据2014年国家发展和改革委员会印发的《关于加快推进储气设施建设的指导意见》,要求加快在建项目施工进度,鼓励各种所有制经济参与储气设施投资建设和运营,同时将在融资、用地、核准和价格等方面给予支持。天然气销售企业和城镇天然气经营企业,可单独或共同建设储气设施,储备天然气。国家承担天然气战略储备,天然气销售企业承担季节调峰和干线管道事故应急储备,城镇天然气经营企业和大用户承担日和小时高峰期调峰储备。实现分级储备调峰管理运行机制,将是未来破解高峰期"气荒"难题的发展趋势。

第二节 气藏型储气库风险管控体系

地下储气库在平衡天然气干线管网压力、季节调峰、应急供气和战略储备方面均发挥了巨大作用。储气库系统"强注强采"的功能是区别于常规油气井的显著特点,致使其承受交变地应力和交变载荷的作用,同时承受腐蚀、冲蚀、盐岩蠕变等潜在危害因素的共同作用,严重影响储气库稳定性和安全可靠性。美国和欧洲已报道的62起储气库事故中,气藏型16起,盐穴型24起,含水层型17起,废弃矿坑型5起;事故共造成9人死亡,62人受伤,6700人疏散,对人员、财产及环境安全产生了巨大影响。气藏型储气库事故原因包括气藏密封性失效、注采井失效和地面设施失效三大类,涉及注采运行(14起)和修井作业(2起)阶段;24起盐穴型储气库事故中有8起涉及天然气储气库,其他为乙烷、丙烷、乙烯、城镇燃气等储气库,事故原因包括盐穴失稳及密封性失效、注采井失效和地面设施失效三类,涉及注气排卤(1起)、注采运行(22起)和修井作业(1起)阶段;含水层型储气库事故原因包括气藏密封性失效、注采井失效和地面设施失效三大类,涉及注采运行(15 起)和修井作业(2 起)阶段;5 起废弃矿坑型储气库事故原因包括矿穴坍塌、煤矿盖层密封性失效、气体沿地层迁移等。

随着我国大批储气库陆续投入运行,如何保障储气库安全运行已成为储气库运营管理者面对的重大课题。储气库风险管控实质上是基于风险的储气库完整性管理[3],国际上普遍认为是保障天然气地下储气库本质安全的有效手段。

一、气藏型储气库风险管控的理念和标准

(一)储气库风险管控理念

储气库风险管控涵盖储气库全寿命周期,涉及储层、井筒和地面注采所有设施,是储气库安全管理的发展方向,其总体目标就是保证储气库系统安全、可靠、受控,避免重大安全、环境责任事故发生,其方针、原则和目标如下。

1. 储气库风险管控方针

通过基于风险的储气库完整性管理,努力达到储气库设备设施 100% 完好率,有效识别运行风险,采取合理控制或风险削减措施,提前预控风险,控制泄漏发生,使生产经营活动建立在技术先进、经济合理的技术基础上,为储气库安全平稳生产提供有力的保障[4]。

2. 储气库风险管控原则

储气库风险管控贯穿于储气库选址、设计、建设、运行和报废全寿命周期,涉及地质、井筒和地面全方位,是应用技术、操作和组织措施的综合管理。储气库风险管控不仅是一个技术范畴的问题,更重要的是要持续不断地提高整体管理水平以及自上而下对管理理念的认同和积极参与,需要遵循以下原则:(1)在选址、设计、建设、运行和报废全寿命周期,应融入储气库风险管控的理念;(2)储气库风险管控的理念是防患于未然;(3)要对所有与储气库本质安全相关信息进行分析整合;(4)要建立负责储气库风险管控的管理机构,配备必要的管理手段;(5)结合每一个储气库的具体情况,进行动态风险管理;(6)必须持续不断地进行储气库风险管控;(7)在储气库风险管控过程中不断采用各种新技术。

3. 储气库风险管控目标

通过储气库风险管控,要达到以下几个目标:(1)建立职责清晰的储气库风险管控体系,并持续改进;(2)有效识别储气库设施中存在的风险,使储气库的风险得到有效控制;(3)保证储气库运行设施完好率,力争达到零故障运行;(4)储气库所有数据实现信息化集中管理,数据收集达到各类统计分析要求;(5)努力实现设备全寿命周期费用经济和生产综合效率最高;(6)通过科学合理的风险控制措施延长设备设施运行寿命;(7)防止出现由于操作和管理不当引起的泄漏或断裂;(8)持续提升关键设施的安全可靠性和效率。

(二)储气库标准和规定

美国、加拿大、英国等发达国家已形成了比较完善的储气库标准体系,主要包括:

(1)美国关于储气库的专门标准主要是 API RP 1170—2015 和 API RP 1171—2015,相关规定主要为美国管道与危险物品安全管理局(PHMSA)所发布的 ADB - 2016 - 02 公告和 PHMSA IFR—2017《联邦地下储气设施最低安全标准》。美国管道与危险物品安全管理局协

同联邦能源管理委员会(FERC),以及 5 个国家监管机构和众多的行业代表,参与制定了两个美国石油学会推荐做法:API RP 1170—2015《盐穴型储气库的设计与运营》(2015 年 7 月)和 API RP 1171—2015《枯竭油气藏和含水层储气库的功能完整性》(2015 年 9 月)。API RP 1170—2015 和 API RP 1171—2015 为储气库运营商提供了多方面的建议,包括储气库的建设、维护、风险管理和完整性管理程序。

(2)2016 年 2 月 5 日,美国管道与危险物品安全管理局发布了 ADB - 2016 - 02《地下储气库安全操作规范公告》。公告中建议地下储气库运营商应该审查他们的运营、维护和应急措施,以保证地下储气库的完整性。公告中为运营商提供了一些推荐做法,敦促采取一切必要措施防止和缓解完整性破坏、泄漏或地下储气设施的失效,以保证公共、作业者和环境安全。

(3)加拿大 CSA Z341《碳氢化合物在地层中的储存》于 1987 年开始起草,1993 年发布第一版,1998 年发布第二版,2003 年发布第三版。该标准包括三大部分:① CAN/CSA - Z341.1 - 02 储藏储气库;② CAN/CSA - Z341.2 - 02 盐穴储气库;③ CAN/CSA - Z341.3 - 02 矿穴储气库。该标准主要对储气库的地下部分做出规定,地面设施主要引用标准,不作为该标准重点。第一部分涉及枯竭油气藏型储气库,对该标准的适用范围、参考出版物、材料选择、完井及老井利用、地下储气库设施的定位、设计和开发准则、开发和建设、地面设施、操作与维护、监测和测量、安全、储气库的填堵和报废等均做出了要求。

(4)英国 BS EN 1918 - 2:2016 涵盖了油气藏地下储气库(UGS)从地下到井口范围内的设计、施工、测试、调试、运行、维护、废弃等的功能性建议。

(5)英国 BS EN 1918 - 5:2016 涵盖了地下储气库地面设施的设计、施工、测试、调试、运行、维护和废弃的功能性建议,包括从井口到燃气管网的部分。

我国天然气地下储气库经过 20 余年的发展,在储气库标准制定方面也取得了一定的进展,在储气库设计、钻完井、风险评价、安全评价、维修等方面发布了 45 项标准,但其中有 26 项为中国石油企业标准,没有国家标准发布,每项标准仅对储气库单个技术点进行了规定,没有形成系统的储气库标准体系。目前,中国石油正在组织重大专项开展储气库建设和运行关键技术研究攻关,储气库运行单位根据自身管理要求制定了相关的技术文件,但是这些文件尚没有形成完整的体系,更是缺少国家层面的政策或体系文件。

(1)SY/T 6848—2023《地下储气库设计规范》。

(2)SY/T 6645—2019《油气藏型地下储气库注采井完井工程设计编写规范》。

(3)SY/T 6638—2012《天然气输送管道和地下储气库工程设计节能技术规范》。

(4)SY/T 6805—2017《油气藏型地下储气库安全技术规程》。

(5)SY/T 6806—2019《盐穴地下储气库安全技术规程》。

(6)SY/T 7370—2017《地下储气库注采管柱选用与设计推荐做法》。

(7)SY/T 6756—2009《油气藏改建地下储气库注采井修井作业规范》。

(8)SY/T 7633—2021《储气库井套管柱安全评价方法》。

(9)SY/T 7642—2021《储气库术语》。

(10)SY/T 7643—2021《储气库选址评价推荐做法》。

(11)SY/T 7644—2021《盐穴型储气库井筒及盐穴密封性检测技术规范》。

（12）SY/T 7645—2021《储气库井风险评价推荐做法》。

（13）SY/T 7646—2021《盐腔稳定性监测与评价技术要求》。

（14）SY/T 7647—2021《气藏型储气库地面工程设计规范》。

（15）SY/T 7648—2021《储气库井固井技术要求》。

（16）SY/T 7649—2021《储气库气藏管理规范》。

（17）SY/T 7650—2021《盐穴储气库造腔井下作业规范》。

（18）SY/T 7651—2021《储气库井运行管理规范》。

（19）SY/T 7652—2021《气藏型储气库库容参数设计方法》。

（20）Q/SY 01636—2019《气藏型储气库建库地质及气藏工程设计技术规范》。

（21）Q/SY 01183.1—2020《油气藏型储气库运行管理规范 第1部分：储气库气藏管理》。

（22）Q/SY 195.1—2007《地下储气库天然气损耗计算方法 第1部分：气藏型》。

（23）Q/SY 01561—2019《气藏型储气库钻完井技术规范》。

（24）Q/SY 07703—2020《地下储气库套管技术条件》。

（25）Q/SY 01270—2019《油气藏型地下储气库废弃井封堵技术规范》。

（26）Q/SY 01183.2—2020《油气藏型储气库运行管理规范 第2部分：井运行管理》。

（27）Q/SY 01012—2017《油气藏型地下储气库注采完井设计规范》。

（28）Q/SY 01183.3—2020《油气藏型储气库运行管理规范 第3部分：储气库地面设施生产运行管理》。

（29）Q/SY 05486—2017《地下储气库套管柱安全评价方法》。

（30）Q/SY 01416—2020《盐穴储气库腔体设计规范》。

（31）Q/SY 01417—2020《盐穴储气库造腔技术规范》。

（32）Q/SY 01418—2021《盐穴型储气库声呐检测技术规范》。

（33）Q/SY 05599—2018《在役盐穴地下储气库风险评价导则》。

（34）Q/SY 01860—2021《盐穴型储气库井筒及盐穴密封性检测技术规范》。

（35）Q/SY 1859—2016《盐穴型储气库钻完井技术规范》。

（36）Q/SY 06024—2017《盐穴储气库注采系统设计规范》。

（37）Q/SY 06025—2017《盐穴储气库造腔系统地面工程设计规范》。

（38）Q/SY 01009—2016《油气藏型储气库注采井钻完井验收规范》。

（39）Q/SY 01021—2018《砂岩气藏型储气库库容参数设计方法》。

（40）Q/SY 01022—2018《气藏型储气库动态监测资料录取规范》。

（41）Q/SY 01871—2021《气藏型储气库动态分析技术规范》。

（42）Q/SY 01878—2021《盐穴型储气库注采井完井及注气排卤设计规范》。

（43）Q/SY 01879—2021《陆上高温高压含硫气井及储气库注采井环空压力管理规范》。

（44）Q/SY 06307.2—2016《油气储运工程总图设计规范 第2部分：地下储气库》。

（45）Q/SY 08124.21—2017《石油企业现场安全检查规范 第21部分：地下储气库站场》。

二、储层风险管控体系

储层风险管控就是维护储气库储层完整性,确保天然气在地层安全储存不泄漏的状态,需开展以下工作:(1)储层表征;(2)储层设计;(3)库存井底压力测试;(4)观测井监测;(5)第三方现有井和新井监测;(6)库存核查等。

对储层完整性进行核查和论证的内容应包括:证明储层完整性不会受到运行条件的不利影响。通过井底压力检查/关闭测试或其他压力递减分析方法对储层完整性进行检验,通过监测观测井、监测第三方现有井和新井、执行相关测量/审核,以及天然气系统平衡的方法对储层完整性进行检验。对可追溯的、可核查的和完整的储气库资产数据进行可访问式管理,以用于定期监管检查和评估设施的运行状况。

三、储气库井风险管控体系

储气库井风险管控以储气库井的风险识别、完整性监测、检测与风险评估为重点,风险识别包括采气树、井的风险识别,井筒监测包括温度、压力、流量监测,检测内容主要覆盖采气树和井口装置、套管/油管以及固井质量等,具体流程如图1-2-1所示。建立储气库井的风险管控信息数据库,对储气库的总体运行状态进行评估,达到风险预防和控制目的。

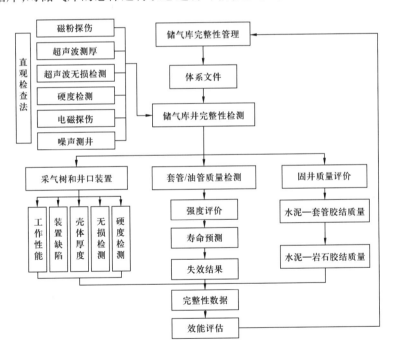

图1-2-1 储气库井风险管控流程图

储气库井风险管控与传统气井安全管理的最大区别就在于变被动防护为主动防护,保证在储气库发生事故之前,将各种风险因素消除或降到可接受的范围之内,从而使储气库安全平稳地运行,有利于政府制定地下储气库的监管制度[5]。储气库井风险管控的关键组成部分包括生产套管、注采管柱和水泥环,井筒完整性是储气库井风险管控的关键,包括内部和外部的完整性,如图1-2-2所示。

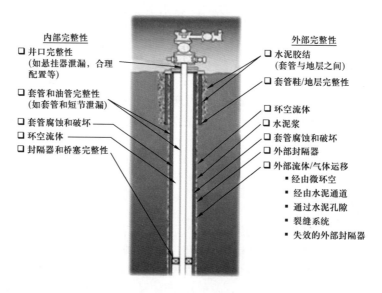

内部完整性

□ 井口完整性
(如悬挂器泄漏,合理配置等)
□ 套管和油管完整性
(如套管和短节泄漏)
□ 套管腐蚀和破坏
□ 环空流体
□ 封隔器和桥塞完整性

外部完整性

□ 水泥胶结
(套管与地层之间)
□ 套管鞋/地层完整性
□ 环空流体
□ 水泥浆
□ 套管腐蚀和破坏
□ 外部封隔器
□ 外部流体/气体运移
  ■ 经由微环空
  ■ 经由水泥通道
  ■ 通过水泥孔隙
  ■ 裂缝系统
  ■ 失效的外部封隔器

图1-2-2　井筒完整性示意图

四、地面设施风险管控体系

储气库地面设施风险管控涉及注采管道和站场两个单元。

(一)注采管道风险管控

注采管道风险管控流程如图1-2-3所示,包括潜在危险因素的识别及分类,数据的采集、整合及分析,风险评价,基于风险的检测,完整性评价,管道维护决策和应急响应,并形成闭环系统。风险评价包括定性、半定量和定量风险评价方法;完整性评价包括本体的适用性评价、防腐涂层的有效性评价、地震及地质灾害评估等[6]。完整性检测常用方法有压力检测、外检测和内检测(在线检测),外检测方法主要是超声检测、射线检测、防腐层检测、保护电位检查、磁法检查等,内检测主要采用管内智能检测器,此外还有土壤腐蚀性检测、管道泄漏检测等[7]。

(二)站场风险管控

站场设备设施包括往复式压缩机、阀门、分离器、空冷器、工艺管道、缓冲罐、仪表等。站场风险管控与注采管道风险管控原理相同,即针对不断变化的站场设备设施风险因素,对站场运营中面临的风险因素不断进行识别和评价,制定相应的风险控制对策,不断改善识别到的不利风险因素,从而将站场运营的风险水平控制在合理的、可接受的范围内。

站场风险管控要针对站场特点,建立一套站场风险管控流程[7](图1-2-4),覆盖站场的主要设备设施,通过站场风险管理的技术方法,如基于风险的检测(RBI)、基于可靠性的维护(RCM)、安全仪表系统分级(SIL)等技术进行风险分级和排序,实施站场设备设施的检测和完整性评估,确定设备设施、管线的维护周期和时间,开展站场设施的维护维修和风险控制。整个过程中,建立站场基础数据库,使数据与管理的各个环节紧密结合,通过效能评估持续改进站场风险管控工作。

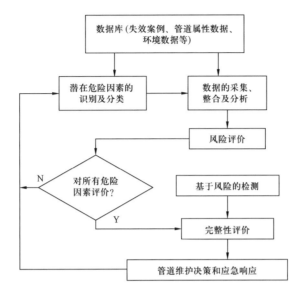

图 1 - 2 - 3 注采管道风险管控流程图

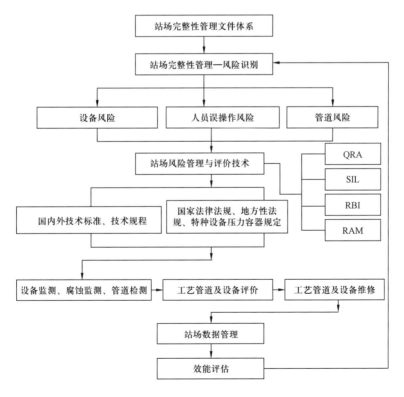

图 1 - 2 - 4 站场风险管控流程图

QRA—定量风险评价;RAM—可靠性、可用性及可维护性分析

五、储气库信息化管理平台

作为涵盖地质、钻井、注采、地面、安全、经济评价等多个领域的新兴业务,储气库大量静态、动态基础运行数据资料的管理和维护成为储气库业务信息管理工作的一大难点,传统的人工统计、汇总、分析的信息管理方式已经难以满足储气库业务发展的需要,且不符合目前企业信息化建设的总体要求。因此,建立规范、统一、安全、高效的地下储气库信息数据管理平台,满足公司决策层、科研院所及各油气田对储气库生产报表、跟踪评价分析、指标预测、资料管理等业务需求的综合信息化管理尤为必要。

(一)国内信息数据管理平台

中国石油运用 Oracle 数据库和 . Net 技术设计研发了地下储气库信息数据管理平台,已在新疆呼图壁、西南相国寺、辽河双6 等6 座气藏型储气库(群)试运行,实现了基本信息数据、集注(配)站基础数据、输气管道数据、地面设施、气源数据、集配站基础、地质方案设计参数、钻完井方案设计参数、地面工程方案设计参数、投资估算及经济评价指标设计参数等360 项数据的整理入库。

对于新产生的各类生产动态数据信息,通过数据传输加载系统,采用手动录入和自动加载两种方式对数据进行采集、录入并实时汇总,传输到管理平台数据库中,实现了库、单井、地面集输管道相关参数[如生产时间、油(套)压、注采气量、温度]等各种数据的处理及存储;实现了所有入库数据的网上发布,具备网上查询、浏览及下载储气库各种基础地质数据、生产动态数据及生产报表的功能,科研人员可以根据需要对各类数据进行综合分析查询,将查询结果生成直观形象的统计图和统计表。开发的数据备份软件可以实现将主数据库中的全部数据通过自动和手动两种方式备份到备份服务器,保障数据的安全性和可靠性[8]。

自2012 年启动地下储气库信息数据管理平台方案设计以来,按照"整体规划部署,分期实施建设"总体思路,已建立一整套储气库数据录入、处理、审核、发布、浏览应用的标准化流程(图1 -2 -5)。

(二)国外地下储气库信息数据管理平台

德国 RWE 储气库公司与斯伦贝谢公司合作开发了一种名为"专家系统"的储气库综合数据处理平台,该系统依据储气库运行过程中相对智能级别可分为三类[9]:Ⅰ级智能储气库具有自动数据流程,在被动模式下处理数据,包括数据接收、分析和做出响应;Ⅱ级智能储气库具备数据的监控和优化设计,包括数据分析、比较和验证模型、管理模型和做出必要的行为决策;Ⅲ级智能储气库与数字化油田有关,包括过程整合、优化、远程自动化操作,是一种最积极主动的工作模式。

"专家系统"运行时,首先通过安装一套管理控制和数据采集系统,持续不断地测量数据(每秒测量一次数据),每15min 从单井、采集系统和设施上传输出测量数据。在Ⅰ级智能处理过程中,软件会自动检查数据流连接是否有问题,如果连接失败就会生成一个失败通知,如果确定为有效连接,就会持续不断地输入测量数据、筛查、质量检查并将剩余数据汇集到一起,然后输出数据统计分析报告,并对数据的可靠性进行评价。在Ⅱ级智能处理过程中,筛选后的数据输入软件模块中,验证核实适合系统的性能指标;"专家系统"应用外部软件进行整合,包

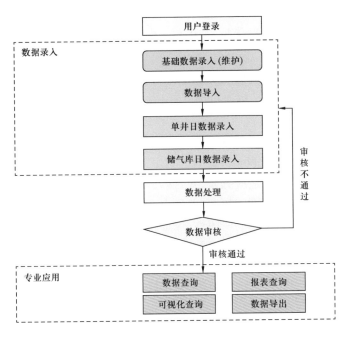

图1-2-5 地下储气库信息数据管理平台标准化流程示意图

括油藏数值模拟软件、生产系统分析软件和其他各种软件模块;"专家系统"自动完成数据历史拟合,给出单井生产现状,确定注采能力极限。功能远超过数据监控的智能处理过程是Ⅲ级智能过程,首先运行计划任务(周期重复操作)或激发自动化任务(意外事件操作),然后启动工作流,运行数据挖掘代理模型和计算模块,激发警报系统引发的动作包括系统通知、运行监控软件、与第三方交换数据、启动下一级任务以及生成邮件或短消息,通知操作者有错误发生;软件自动将性能关键指标提供给作业者,根据当前气藏现状做出预测,并结合推荐程序动作,极大地降低了数据分析时间,运营商几乎可以立即做出响应,从而实现积极主动智能化储气库管理。

通过持续的研究与优化,RWE储气库公司和斯伦贝谢公司已经从储气库"专家系统"的动态管理中获得了收益,降低了储气库系统风险和操作成本,提高了注采速度和储气能力。

第三节 气藏型储气库风险管控关键技术现状

一、储气库选址及评价技术

(一)气藏型储气库选址原则

天然气地下储气库对库址的选择要求很高[10],并不是所有油气藏都能够被改建成天然气地下储气库。储气库选址应遵循一定的原则,马小明等[11]总结为5个方面,包括储气库规模适用性原则、环境适用性原则、地质适用性原则、工程适用性原则、经济最优化原则。张益炬[12]针对地下储气库运行工况特点,将枯竭油气藏型地下储气库的选址原则总结为如下15个

方面:

(1)被改建的油气藏地理位置优越:与用户城市相距 50～150km 为佳,与长输管道距离较近,占用耕地面积较小[13]。

(2)考虑到不同气藏和油藏改建地下储气库的便利性、投资成本及可行性等因素,枯竭气藏优于枯竭油藏,枯竭油藏优于枯竭凝析油气藏,因此一般说来,枯竭气藏最具优势,可优先考虑改建。

(3)从地下储气库储层能量以及国家能源战略角度考虑,500～1200m 是地下储气库的最好埋深,一般说来埋深不超过 2000m[14]。

(4)所改建的油气藏地质构造应完整,并且内部断层较少。

(5)所改建油气藏具有较大圈闭幅度,并且有一定的圈闭面积。

(6)所改建油气藏应具有较高的密闭性,保证相对较高程度的油气采出率。

(7)所改建油气藏有分布范围较广且稳定的储层,厚度大于 4m,存在倾斜度的储层优于水平储层,其能更好地密封天然气。

(8)储层物性条件须优良:空气渗透率大于 1mD,孔隙度大于 15%,并且有较好的孔喉连通性。

(9)隔层、盖层岩性要纯(如岩性最好为膏岩、泥岩等),具有较好的密封性,能有效密封天然气。

(10)隔层、盖层厚度应大于 5m,渗透率小于 9.8×10^{-4}mD,有较高的承载能力,可承担 90%～115% 来自原始地层的注气压力。

(11)不含硫化氢或硫化氢含量极低(含量低于 0.03%)。

(12)从运行和操作维护角度考虑以 $(2～5) \times 10^8 m^3$ 的储气规模为佳,所建储气库应具有较大的注采气能力,储气库应满足在工作期间人为地强注强采的需要。

(13)从便于安全运行管理储气库角度考虑,严禁出现[15]:气井储层在注采运行过程中带出砂质,影响工作效率,削弱地质构造稳定性;气井储层在建设改造和运营过程中带出不应该带有的油气;大量出水,有碍储气库正常生产,并且带来气体迁移等安全隐患。

(14)对所改建储气库背景进行研究调查分析[16]:所改建油气藏应接近开采枯竭期;储气库的地层情况及沉积环境应良好;库内流体性质未随时间迁移而发生不稳定状态;对所选区块的开发历程进行了解;油气藏开采特征及目前运营现状应大致维持原有水平;该油气藏开采枯竭期阶段油气层油气水分布情况;所改建油气藏采用的驱动方式。

(15)从经济角度分析该油气藏是否值得改建,改建后带来的经济效益是否客观,对所建的油气藏进行经济性评价,它是储气库址评价的一个因素。经济性评价分析可考虑如下因素:① 固井的费用;② 原有采气井的利用系数;③ 原有管网的利用率;④ 原有地面设施设备的剩余价值;⑤ 详细分析论证储气库址地质条件,涉及储气库运行寿命;⑥ 是否需要钻新井。

(二)气藏型储气库选址及评价技术

储气库选址属于综合评价问题,目前国内外学者关于含水层储气库的选址及评价方法研究较多,Bennion 等[17]阐述了储气库选址要点以及评价准则,并给出了地层渗透性、地层伤害分析等技术方案;Tabari 等[18]对伊朗 Yortshah 断块型含水层构造候选库址进行了评估;谭羽非[19]对利用含水层建造天然气储气库的选址、储气库形成机制、注采井部署、垫层气以及研究方法进行了分析。对于气藏型储气库的选址及评价方法,目前主要依据张益炬[12]的研究报道。

天然气地下枯竭油气藏型储气库址优选属于综合评价问题,模糊数学中的模糊综合评判可解决这个问题。在模糊多目标决策系统中,各级决策的权重直接影响着决策的结果,但是以往的评判方法采取单纯的专家打分法确定权重,有很大的主观因素,本着科学的原则,张益炬[12]采取了模糊层次分析法对专家打分的权重进行修正。权重确定后,应用模糊有序加权平均算子对专家所给出的对应于各方案的模糊语言评估信息进行了集结,并提出了一种基于模糊语言评估和模糊有序加权平均算子的枯竭油气藏型储气库多属性决策选址问题解决方法。

以我国某三个考虑建立的枯竭油气藏型地下储气库(一号储气库、二号储气库和三号储气库)为例,按照上述库址选择原则划分得到三个储气库址的一级评价因素集:

$X = \{X_1, X_2, \cdots, X_{15}\} = \{$储气库地理位置因素,改建油气藏类型因素,地下储气库埋深因素,地下储气库地质构造因素,闭圈因素,密闭性因素,储层稳定性,储存物性条件,隔盖层密闭性,隔盖层物性条件,含硫量因素,储气规模,安全管理因素,背景因素,经济性评价分析因素$\}$。

对于评价集中元素评价结果采用十分制,评分越高,该元素的优选程度越理想。考虑到评价集中各个元素的重要度又有所不同,重要度用权重表示,假设各个因素的权重为:

$W_1 = 0.08, W_2 = 0.09, W_3 = 0.04, W_4 = 0.09, W_5 = 0.07, W_6 = 0.06, W_7 = 0.08, W_8 = 0.10,$ $W_9 = 0.09, W_{10} = 0.06, W_{11} = 0.07, W_{12} = 0.01, W_{13} = 0.05, W_{14} = 0.08, W_{15} = 0.06$。

在权重已经确定的前提下,组织行业内专家组对各个因素进行评价。各因素来源、准确性不同导致其可信度不同,如储层稳定性因素和原有开采油气田历史性相关等。每一个一级评价因素由二级评价因素所构成,其本身评价指标的分值是一个综合评价结果,因此每一个分值具有不确定性。张益炬将评价分值的不确定性描述为可信度,分为高、中、低三档,形成评价结果的二元组合,如一号储气库 X_1(储气库地理位置因素)评价结果为(8,高),表示该储气库地理位置因素得分为8分,可信度为高。因此,对于一号储气库15个库址因素评价的得分分别为8分、6分、9分、5分、8分、7分、4分、7分、9分、6分、7分、7分、6分、5分、4分;各个因素评价的可信度分别为高、低、中、高、低、高、中、低、高、高、中、低、高、中、低。

可信度高、中、低模糊语言集合建立相应的模糊隶属度函数模型,根据所建立隶属度函数模型,对一号储气库建立模糊矩阵并进行归一化计算,最终可以得到储气库综合评价结果。

二、储气库监测技术

气藏型储气库监测技术主要分为储气库储层监测、储气库井筒监测和地面管道设施监测三个方面。

(一) 储气库储层监测

在储气库储层的监测过程中,一方面需要对储盖层的完整性进行监测,内容包括确定储层内部渗漏损失、外部泄漏损耗、垫层气损耗等,对这些方面都需要实时收集数据进行分析;另一方面需要进行储气库动态监测,动态监测需要持续监测储气库内天然气的运移和渗漏情况,校核储气量,以保证储气库的供气能力。储气库注采过程动态监测内容主要包括采气井和注气井压力、温度等动态参数,盖层的密封性,固井质量和套管的密封性等。

国外储气库的监测手段主要包括:

(1)观察井测井,用于检查地面压力或液面的变化情况,监测气体在库内的存在状况及上覆盖层内是否有气体进入;

(2)中子测井,用于探测由于气体流动而产生膨胀所引起的异常温度梯度的变化情况;

(3)转子流量计,用于探测套管内气体的流动情况;

(4)气体饱和度测井,用于探测不同深度的气体饱和度,预测气水、气油的驱替情况。

储气库在储气前需要进行保护性测试和采取保护性措施,包括测试评价盖层的地质状况,确定盖层的最大承受压力;测试井下套管、固井水泥和井筒之间的胶结情况;对井下套管采取阴极保护措施等。这些措施对防止储气库运行期间泄漏均有较好的效果。

(二)储气库井筒监测

储气库井筒监测技术主要是为了保障储气库安全平稳供气、调峰需求。储气库井筒监测项目主要内容包括井温、气体压力、油(套)管泄漏、水泥胶结质量、管截面、井口天然气动态和井口设备等。在储气库井筒监测技术方面,主要从温度压力监测、油(套)管受损、腐蚀监测和泄漏监测等几个方面出发。储气库温度压力监测主要是定期或不定期测量井底压力和温度,同时应用高精度井温测量技术,在气藏型储气库井油套环空沿井筒安装一系列的高精度温度传感器,这些传感器连续测量井筒温度,这些技术主要有毛细管压力监测系统、光纤井下永置式测试系统和电子压力温度计。对于油(套)管受损、伤害和腐蚀情况的监测,国外发展时间长,重视程度高,CSA Z341标准中规定储气库井投产5年内应进行套管测井检查,并给出了井口最高允许注入压力、腐蚀增长率的计算方法。国外储气库油(套)管检测大多联合使用多种测井方法。常用的测井方法包括腐蚀挂片法、多臂井径仪、电磁探伤技术、高精度井筒温度剖面监测技术和微地震监测技术。

泄漏监测是储气库安全运行的保障,检测过程需应用多种技术,泄漏监测一般通过测量井筒内的温度分布情况,判别井筒和固井水泥环是否发生泄漏,或者向储层内注入可追踪的示踪剂,通过追踪示踪剂的分布情况来判断储气库是否泄漏。储库的泄漏监测技术主要有高分辨率光谱噪声测井技术(SNL - HD)、高精度井温测井技术(HPT)[20]、热交换传感器(HEX)、脉冲中子测井技术(PNL)[21]、脉冲电磁探伤法(EmPulse)[22]等。

(三)地面管道设施监测

储气库地面管道设施的监测包括储气库地面设施腐蚀监测、储气库管道压力监测和储气库地面泄漏设施监测(检测)三个方面的内容。

1. 储气库地面设施腐蚀监测

储气库地面设施腐蚀监测的方法主要有管道腐蚀/冲蚀监测方法、电阻探针腐蚀监测技术等。其中,管道腐蚀/冲蚀监测方法主要是对地面设备进行定期检查,开展腐蚀管理方案是有效的井口完整性确认和监测方法。常用的腐蚀/冲蚀监测方法包括:

(1)腐蚀挂片法:腐蚀挂片法是腐蚀监测手段中最根本和有效的方法,能最大限度地反映腐蚀的真实情况。此外,腐蚀挂片法还可与其他监测方法同时使用,如采出液取样和分析,以监测内部腐蚀速率和(或)腐蚀抑制剂的作用效果[23]。

(2)声学传感装置(超声波探头):可用于监测内部腐蚀和侵蚀情况。监测的位置包括预先设定的阀体、弯头和(或)受流动冲击的接头,监测结果可以有效地评估管道的内部完整性。

(3)腐蚀探针(电阻探针):腐蚀探针也称为电阻探针,可用于监测内部腐蚀速率。对于暴露的金属元件,腐蚀的作用可以减小元件的横截面积,从而增加其电阻率。电阻数值的增加与腐蚀深度存在确定的关系,所以该方法可以准确地测定腐蚀速率。

(4)砂探针:砂探针的工作原理与腐蚀探针类似。气井出砂和其他磨料会侵蚀经由密封高压组件插入的牺牲传感元件。磨料最终会侵蚀探针,继而将密封组件暴露在工作压力之中,工作压力可以采用压力表或警报器进行检测。

(5)其他监测方法:如果系统中存在微生物引起的腐蚀,可以考虑采用其他监测方法和程序,包括获取流体样品并进行培养,如流体中存在的活性细菌(如硫酸盐还原菌等)。如果检测到有活性培养物,应考虑添加适当的杀菌剂。

电阻探针法是一种通过监测探头电阻的变化来确定管道腐蚀速率的方法。这种方法可以在一定的时间周期内测定金属在任何环境中腐蚀速率的连续变化值,并且能快速、灵敏、方便地监控腐蚀速率较大的生产设备的内部腐蚀[24]。

目前已有许多关于电阻探针监测法成功地应用于石油化工和管道系统防腐监测的报道和成功案例。镇海炼化公司在 2001 年将电阻探针监测仪安装在三套减压装置上的监测点上,通过实时在线的监测获取腐蚀数据,及时调整生产工艺,把设备的腐蚀危害降到最低;中国石化广州分公司在 2002 年将电阻探针安装于蒸馏装置的特殊部位,监测获得的数据与实际的腐蚀状况基本一致。鉴于电阻探针法检测金属腐蚀的方法已经发展成为一种成熟和普遍的原位、无损金属腐蚀监测技术,永 22 储气库集注站选用电阻探针监测法作为设备和压力管道的内腐蚀监测方法和技术手段。由于永 22 储气库各类井中硫化氢、二氧化碳及氯离子的相对含量较高,使井场采气树井口到脱硫装置前的压力管道、压力容器等的腐蚀状况复杂且严峻,直接威胁到华北储气库地面生产工艺装置的正常运行和人员的安全工作。基于上述情况,永 22 储气库集注站采气装置区在停采期间,压力管道、压力容器内封存有硫化氢、二氧化碳等酸性腐蚀气体,长时间静止的气体对压力管道、设备设施的腐蚀速率,也需要在定时监测和定量分析基础上提出科学合理的预防建议。因此,对永 22 储气库天然气净化前、净化后的设备和压力管道腐蚀情况进行实时监测、数据采集和差异性对比分析,真实、客观地得到现场设备管道的内腐蚀状况。

2. 储气库管道压力监测

与储气库压力管理和监测有关的设备设施包括但不限:压力控制阀;泄压阀和紧急关闭系统(ESD);校准的自重压力计;校准的数字和模拟压力表;温度补偿压力传感器;止回阀。

储气库运营商应实时监测储气设施的运行压力,以评估设施性能和监测系统完整性。这包括制定和实施日常监测、记录和分析单井油管和环空压力的程序。压力读数可以手动获取和记录,也可以通过电子数据监控系统或 SCADA 系统自动读取。监测的频率和类型应该基于现场的具体情况和风险评估中识别的潜在威胁和危害。但不论何种情况,都应至少对压力进行日常监测,并做好记录。

电子数据监测系统或 SCADA 系统可用于对储气设施处理流程进行实时监测和控制,例如这些系统可以实现对每口储气库井和地下储层的实时监测。自动化监测技术可能仅用于对现场进行监测,或在现场进行控制及远程(异地)控制,包括处理设备和流程的常规启动和停止能力;还可能包括系统警报[听觉和(或)视觉],以及在流程故障和异常操作条件下的自动关闭功能。

电子数据监测系统可用于实时监测和控制气体的注入和采出过程。这可能包括对系统压力、流量和关闭能力的监测和控制,在某些储气库中,还可能包括对单井压力和流量的控制能力。ESD 系统应该被集成到整个电子数据监控系统或 SCADA 系统中。SCADA 控制中还应包括听觉和视觉警报,以对系统故障和异常运行条件进行提醒。应定期测试电子数据监控系统或 SCADA 系统的功能和安全组件,以确保所有的仪器均经过合理的校准,并按照设计能力运行,且所有警报装置功能正常,整个系统能够按预期应对紧急情况。应根据监管要求和(或)运营商程序,对系统的所有组件进行测试,并记录测试结果。

3. 储气库地面泄漏设施监测(检测)

在泄漏设施检测和修复中,经常采用主动检漏程序,通过利用各种技术检测泄漏情况,制订修理或监测计划,然后进行修复。近年来,地面泄漏监测技术发展迅速,需求可靠和低成本的短距离连续探测。不同的地面泄漏检测技术可以同时使用,一些专门用于检测,其他的用于定位。

1)光学气体成像技术

可以采用光学摄像机对井场的泄漏情况进行测量,这种相机是一种红外相机,可以通过过滤光线而突出显示逸出气体中的甲烷。由受过训练的操作人员在现场观察每一个潜在的泄漏点,包括接头、测量仪器、阀门、分离器设备等,如在光学气体相机的屏幕上,泄漏点可以观察到羽状流。操作人员在检查之后,需要对泄漏情况进行记录,标记需要进行后期跟踪的泄漏点[25]。

2)远程泄漏检测

通常使用激光吸收仪器进行远程泄漏检测。激光仪器可以快速扫描组件,识别一个小区域的泄漏,然后利用光学气体成像设备对泄漏源进行定位。与光学气体成像技术类似,激光探测器对风敏感,应在低于风速最大阈值的条件下使用。

3)泄漏定量检测

如果需要对泄漏速率进行测量,高流量仪器适用于井场的大部分泄漏情况。应注意根据制造商的规格说明对这些设备进行校准,至少每天或在与湿气体接触后。除了高流量采样器,有的监测公司已经开发了基于光学气体成像的系统,这些系统通过与复杂的计算算法相结合,可以量化泄漏的速率和体积。

三、储气库完整性检测及评价技术

储气库的完整性检测及评价包括储气库井和地面管道两方面:储气库井的完整性检测及评价包括采气树和井口装置完整性检测、套管和油管质量检测、储气库井筒完整性评价;地面管道的完整性检测及评价包括地面管道内检测、外检测及管道线路的完整性评价、站场的完整性评价等。

(一)储气库井完整性检测与评价技术

1. 采气树和井口装置完整性检测技术

采气树和井口装置的完整性检测包括工作性能检查、装置缺陷检测、壳体厚度测量、无损检测、硬度检测(表1-3-1)。完整性检测过程中使用的技术主要包括直观检查法、磁粉探伤技术、超声波测厚技术、超声波无损检测、硬度检测技术等。

表1-3-1 采气树和井口装置完整性检测项目及内容

检测项目	检测内容	检测技术
工作性能检查	阀门可操作性、阀门密封性、气封的密封性、增压阀和润滑器性能、压力表底部阀门性能	直观检查法
装置缺陷检测	裂纹、缩孔、砂(渣)眼、气孔、脊状凸起(多肉)、鼠尾、冷隔、皱褶、割疤、结疤、撑疤、焊疤、表面粗糙	磁粉探伤技术
壳体厚度测量	各个井的采气树和井口装置零部件壁厚	超声波测厚技术
无损检测	套管头壳体、阀门壳体、封头壳体、管接头、连接件(四通)	超声波无损检测
硬度检测	套管头壳体、闸阀壳体、封头壳体、管接头、四通、螺栓、螺帽	硬度检测仪

1)直观检查法

直观检查法是指不使用任何测试或检测仪器,凭借主观经验对设备进行检查的方法。直观检测法对于不同的检测对象有不同的要求,同时对于检查执行者的经验提出了很高的要求。例如,针对阀门的密封性,可以通过听声音判断阀门处是否有流体泄漏,声音的大小可以体现出流体泄漏的速度,不同的声音可以反映出泄漏的流体类型(泄漏气、气水混合物、水的声音均不同),还可以通过眼睛观察、身体触摸等方法感受阀门处的变化,进行密封性的判断。

2)磁粉探伤技术

磁粉探伤检测是对磁性材料表面或近表面的损伤进行探测的一种无损检测方法,通常检测的零件为耐压容器件、焊接件、返修件和半成品。磁粉探伤检测是无损检测中使用广泛的一种方法,该方法适用范围广泛,而且可以检测出缺陷产生的大体原因,如裂纹、夹渣、白点、气孔、未焊接等缺陷,方便检测人员及时做后续处理。

在储气库现场检验中,磁粉检测技术多用于站场装置和天然气管道的检测,磁粉探伤是检验钢制焊接结构表层缺陷的最佳方法,具有设备简单、灵敏可靠、探伤速度快和成本低等特点[26]。

3)超声波测厚技术

一般采用超声波测厚技术来检测各个井的采气树和井口装置零部件壁厚。超声波测厚是目前国内外检测管道壁厚的主流手段,储气库井壁的腐蚀以厚度均匀减薄为主,其他手段(如漏磁检测、视频检测、涡流检测)对管壁的均匀减薄均不敏感,射线检测成本较高,易对人体造成伤害。超声波测厚仪器在四川自贡、安徽全椒、安徽蚌埠针对7in❶储气库井和9⅝in储气库井进行了现场测试,检测效果非常好[27]。

---

❶ 1in = 25.4mm。

4）超声波无损检测

超声波无损检测技术既可以用来检测物体表面的缺陷，又可以探测到物体内部几米深的缺陷，而这是其他检测手段所无法达到的深度。超声波无损检测技术具有灵敏度高、周期短、灵活方便、成本低、效率高，并且对人体不产生不良影响等优点，但同时其也具有不少缺点，例如需要富有工作经验的技术人员操作，要求被测物体表面平整光滑，对被测物体的损伤类型没有明确的显示，需要工作人员根据经验判断[28]。

超声波无损检测的方法包括缺陷定量方法，裂纹的检测方法，损伤、劣化评价方法。天津特种设备研究院和山东省特种设备研究院联合进行了管道超声波（IRIS）在储气库井的实际检验，在管径 150mm、井深 150m 的天然气储气库井检测中获得优异的检测结果。

5）硬度检测仪

井口装置的硬度检测目标包括套管头壳体、闸阀壳体、封头壳体、管接头、四通、螺栓、螺帽等，主要使用钢材硬度测试仪器进行直接测量，较为典型的有 OU2200 型钢材硬度测试仪。该仪器可以方便快捷地对多种金属材料进行测量，在即刻显示硬度测量值的同时，可以在不同硬度制式间自由转换，可预先设置公差限，超出范围自动报警。该产品采用国际流行的热敏打印机与仪器集成为一体方式，并具工作安静、打印速度快、可现场打印检测报告等特点。

2. 套管和油管质量检测技术

套管柱状态检测通过油管（在天然气介质中）的地球物理测井方法进行（表 1 – 3 – 2）。当发现套管柱缺陷、井壁不密封、地球物理测井资料解释结果不统一等现象，或进行大修时，在压井条件下（提升油管柱）进行更全面的地球物理综合研究。在进行套管、油管检测之前应确定井身结构和状况，包括表层套管、技术套管、生产套管、油管直径及下放深度，当前井底和射孔段的深度，以及关井时的油压、套压等。

表 1 – 3 – 2　储气库管柱检测内容

检测内容	不提升油管		提升油管
	检测方法	仪器	检测方法及仪器
套管损坏检测	磁脉冲探伤法—厚度测量法（MID – K）	电磁探伤测井仪	井径测井仪（十六臂井径仪、四十独立臂井径仪），套管检测仪、小直径井壁超声成像测井仪
套管壁厚检测	磁脉冲探伤法—厚度测量法	电磁探伤测井仪	电磁探伤测井仪
井下设备（套管靴、封隔器、筛管等）位置检测	磁脉冲探伤法—厚度测量法	电磁探伤测井仪	磁性定位器
油管探伤	磁脉冲探伤法—厚度测量法	电磁探伤测井仪、噪声测井仪、小直径井壁超声成像测井仪	电磁探伤测井仪、噪声测井仪、小直径井壁超声成像测井仪
管接头位置	磁脉冲探伤法—厚度测量法	电磁探伤测井仪、套管检测仪	电磁探伤测井仪、套管检测仪、磁性定位器

续表

检测内容	不提升油管		提升油管
	检测方法	仪器	检测方法及仪器
井筒液面深度	中子伽马测井	—	—
套管外空间状态(套管外空气聚集地层段、地层间窜流、水淹情况)	高灵敏度测温法、噪声测量法、放射性测量法[伽马测井＋中子伽马测井、感应测井(记灵感应的放射性)、固定式伽马测井]	—	中子脉冲测井、伽马光谱测定法、噪声测量法—光谱测定法、放射性同位素检查、水流动定位

1)电磁探伤测井技术

电磁探伤测井技术,特别是磁脉冲探伤法—厚度测量法在储气库套管、油管质量检测中有重要应用。针对套管、油管、石油管线及井下设备等受到腐蚀性液体、地层应力变化等因素的影响,出现断裂、穿孔等问题,电磁探伤测井技术具有很好的检测效果。电磁探伤测井技术不受井内流体类型和套管内结蜡及井壁附着物的影响,能在油管内检测油管和套管的损伤情况,或者在套管内检测套管和表层套管的损伤情况,不仅节省了检查套管情况时起下油管的作业费用和时间,还使得对油、水井井身结构进行普查成为可能,满足了不停产测试的需求[29]。

2)超声成像测井技术

在储气库井完整性检测中,主要利用超声成像测井技术检测套管的腐蚀、破损变形,利用改进的小直径超声成像测井仪检测油管的腐蚀、破损变形[30]。超声成像测井仪包括井下仪器和地面仪器两部分,井下仪器负责采集数据,而地面仪器则负责原始测井资料的数据处理、保存、显示并打印图像。超声成像测井的影响因素包括测井仪器的分辨率、对钻井液的适应能力、可测井径范围、套管壁的洁净程度等各项性能指标;此外,测井前的工程洗井及循环钻井液也十分必要。多功能超声成像测井(MUIL)仪器在中东阿联酋某套管井射孔层处进行套损检测的应用效果显示,超声成像测井图上可清晰地观察到套管内壁竖直排列的孔眼。

3)噪声与温度测井技术

噪声、井温组合测井用于探测井下异常情况,噪声测井仪装有一个灵敏度很高的传感器,可以探测井筒及其周围一定范围内的噪声。井的不同状态下的井温测井曲线能很好地反映井筒内状况;在井温测井曲线的异常处采用点测噪声测井,综合分析井内流体的流动情况。

噪声与温度测井(N&T测井)为评估气井套管是否存在泄漏提供数据。噪声与温度测井技术在国内外都有广泛应用,在国内的龙岗气田、萨北气田,国外太平洋燃气电力公司的储气库中都有应用,主要为气井套管的完整性进行检测并提供依据[31]。

4)井径测井评价技术

井径测井技术用于评估套管的几何形状以及套管内径的变化情况,是储气库井套损检测的重要技术。据调研,测井检查在美国太平洋燃气电力公司储气库完整性检测中有重要应用,该公司计划在2025年前完成所有井的井径测井评估工作。

多臂井径仪套管探伤技术是一种新型的套管检测技术,通过多条测量臂来实现对套管变形、弯曲、断裂、孔眼、内壁腐蚀等情况的检查。可测得套管内壁一个圆周内最大直径、最小直径、每臂轨迹,可以探测到套管不同方位上的形变。可以形成内径展开成像、圆周剖面成像、柱面立体成像来反映井下套管的受损情况,为找漏、找窜、射孔质量、预防套管破损、修井作业提供科学依据[32]。

5)中子伽马测井检测技术

中子伽马测井原理是利用中子源向外界发射快中子,快中子与外界介质发生多种反应产生的减速特性,并通过仪器探测到这种变化来判断出气液界面位置。中子减速特性强弱主要受到外界介质中含氢指数的影响。气体中含氢指数远远小于液体中的含氢指数,在气体中所探测的中子伽马曲线数值显示高。

中子伽马测井在盐穴型储气库腔体及注采井密封性检测方面应用较多,典型的包括江苏淮安楚州和常州金坛储气库,由中石化华东石油工程有限公司测井分公司检测,通过测量气水界面变化来实现密封性测量和检漏[33]。

3. 储气库井筒完整性评价技术

井筒完整性评价包括储气库井设计基础的审查、钻进、完井和修井记录、井口检查、套管检查,以及其他录井数据、储气库井压力监测、气/液样品分析结果等方面。这些评价的结果是可供作业方使用的工作参数列表。作业方安装监测系统来跟踪这些参数的变化,旨在确定储气库井的工作参数始终处于限制范围内。限制的特定参数包括:井口注入和抽汲压力,使用带封隔器悬挂油管方式完井时油套环空压力,可接受的气体和液体的组成,流体侵蚀流速限制,工作温度,油管和套管的壁厚,储气层的下沉速度,防止水合物形成的工作限制条件以及最大的储气量等。

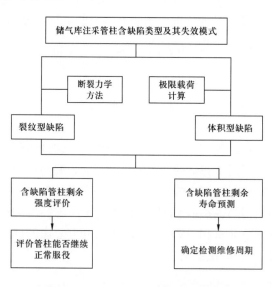

图1-3-1 管柱完整性评价技术思路

储气库井工作限制条件将根据井身结构和状况的改变重新进行评价。如果一口井出现超过这些限制条件的情况,作业方要调查原因,记录当时的情况,并确定采取必要的措施使储气库井能继续正常工作。

管柱的完整性评价包括剩余强度评价与剩余寿命预测(图1-3-1)。管柱剩余强度评价是管柱完整性评价的主要内容之一,主要研究管柱是否可以适合目前的工况,是否需要建立适当的检测程序以维持管柱在目前工况下继续安全运行;或者管柱在不适合目前工况条件下如何降级使用,从而为管柱的维修和管理提供科学依据。

管柱剩余强度评价的缺陷以裂纹型缺陷、体积型缺陷为主。体积型缺陷主要包括均匀腐蚀和局部腐蚀。裂纹型缺陷分为长大型缺陷和非长大型缺陷。对于非长大型缺陷,主要是对管柱的剩余强度进行评价。长大型缺陷管柱除剩余强度评价外,还需根据裂纹的扩展规律进行管柱剩余寿命预测,确定管柱的检测与维修周期。

(二)储气库地面管道完整性检测技术

1. 管道内部缺陷无损检测技术

管道内部缺陷无损检测技术主要包括漏磁检测技术、超声波检测技术、脉冲涡流检测技术、光学原理类检测技术、射线照相类检测技术等。

1)漏磁检测技术

漏磁检测技术建立在铁磁性材料的高磁导率特性上。检测过程中,管壁被充分磁化,当管道内壁有腐蚀缺陷或其他异常出现时,磁通量会从管壁泄漏出来,然后被传感器检测到。当钢管中无缺陷时,磁通量绝大部分通过钢管,此时磁力线分布均匀;当钢管内部有缺陷时,磁力线发生弯曲,且部分磁通量漏出钢管表面。检测被磁化钢管表面逸出的漏磁通,可判断是否存在缺陷,通过分析传感器检测的结果,可得到缺陷的相关信息[34]。

2)超声波检测技术

超声波检测技术分为传统脉冲超声波检测和超声导波检测。传统脉冲超声波检测通过垂直于管道的超声波探头,发射超声波脉冲信号,比较管内表面和外表面两次脉冲反射波之间的脉冲间距,反映出管壁厚,从而检测到管壁是否受到腐蚀及腐蚀程度大小[35]。

超声导波检测采用低频扭曲波或纵波,超声导波可以在较远的距离上传播而信号衰减很小,因此管道不开挖状态下在一个位置固定脉冲回波阵列就可做大范围的检测。电磁超声检测技术即涡流—声检测(EMAT)技术,作为超声导波的一种激励方式,是超声检测发展中的前沿技术之一,属于非接触超声检测。通过在试件中振荡激发出不同形式的超声波,实现快速检测。

3)脉冲涡流检测技术

脉冲涡流检测技术使用宽频谱脉冲来激发探测器的驱动线圈,激发的脉冲分散在试样上。由于脉冲首先影响表面,因此需要应用信号时限分析来获得底面缺陷的信息。脉冲涡流(PEC)检测技术是一种最新的无损检测技术,已经成功应用在管道的腐蚀等缺陷检测中。

4)光学原理类检测技术

光学原理类的检测技术主要有闭路电视(CCTV)管道内窥检测技术、激光全息检测技术和电子散斑干涉检测技术等。此类检测技术对管道内腐蚀等缺陷的定位和分级中,具有较高的精度,且易于通过图像直观显示缺陷状况,在实际检测中优势明显。

5)射线照相类检测技术

在无损检测技术中,射线照相技术有着很大优势,因为在检测过程中它可以不移除管道的外防护层,可以在较高温度的环境中进行检测。射线照相技术可以用来检测管道局部腐蚀,借助标准的图像特性显示仪测量壁厚。X射线数字化实时成像检测技术和红外无损检测技术是非常典型的射线照相技术。

X射线数字化实时检测实时成像是将光电转换技术与计算机数字图像处理技术相结合,把不可见的X射线图像经增强方法转换为可见的视频图像,再经计算机对图像进行数字化处理,使视频图像的对比度和清晰度达到X射线照相底片的影像质量,从而提高探伤灵敏度和缺陷识别能力。

红外无损检测技术是基于物体的缺陷区域和完整区域不同的热传导能力,使工件表面温度场分布发生异常,通过对工件表面温度场分布情况的分析,确定工件缺陷位置和大小。

红外检测方式有主动式和被动式,区别在于是否需要加载热源。此外,根据加热方式、采集图像方式和处理数据方式的不同,检测方式也可分为调制辐射测量(LT)、脉冲辐射检测(PT)、脉冲相位辐射检测(PPT)、热层析检测(类似 CT 检测)和阶跃光热辐射检测。

2. 管道外部腐蚀检测技术

油田地下管网敷设复杂,油气集输管道主要依靠外防腐层减缓土壤腐蚀,常用的外检测方法很多,主要有密间隔电位检测法、电压梯度检测法、皮尔逊检测法、多频管中电流检测法、变频—选频检测法等。

1)密间隔电位检测法

密间隔电位检测法一般沿管道以一定的间隔采集电位数据,绘制成连续的管道电位图,反映管道沿线阴极保护电位的情况。该方法的原理是当防腐层某处遭到破坏时,电流密度变大,保护电位偏移,通过检测到的偏移值来确定管道是否腐蚀。当检测值低于 −850mV 时,管道就会发生腐蚀。受测量技术限制,该方法存在偏差和误判现象。根据美国腐蚀工程师协会(NACE)的建议,应将密间隔电位检测法与电位梯度法结合使用,对管道的腐蚀情况进行综合评价。

2)电压梯度检测法

电压梯度检测法是通过测量阴极保护管线上方地面上的电位梯度与土壤中的电流方向来确定腐蚀破坏点位置的方法。工作原理是在阴极保护站的阴极上串接一个中断器,当管道存在缺陷时,缺陷周围地面将形成一个直流电位梯度场,接近破损点时电位差增大,远离时减小,在正上方为零,通过测量这个电位差,可以判断破损点的位置和大小。将电压梯度检测法通过 GPS 同步技术校正,可准确判定缺陷位置和级别。该方法的优点是可计算缺陷大小,可判定缺陷的严重程度,可判断管道在防腐层破损点处是否有腐蚀发生。缺点是当土壤电阻率高时测量结果不稳定,误差较大,不能准确指示管道阴极保护效果,不能判断破损点面积的大小,不能指示涂层剥离,测量劳动强度大,杂散电流等环境因素会造成误差。该方法一直被国内检测公司所推崇,已被成功应用到埋地管道的测量中。

3)皮尔逊检测法

皮尔逊检测法原理是当金属管道上施加一个交流信号时,防腐层发生破损的地方就会有电流泄漏到土壤中,管道破损处和土壤之间会形成电压差,并且越接近破损点的位置电压差越大,通过仪器检测埋地管道地面上方的电位差即可发现管道防腐层破损点。皮尔逊检测法在国内使用比较普遍,具有检测速度快、定位精度高(0.5m)、适用范围广(可在沥青、水泥路上检测)、适用于检测没有阴极保护装置的管道等优点,但不具备定位仪和判别防腐层老化程度的功能,对操作技能要求高,易引起误检。

4)多频管中电流检测法

多频管中电流检测法又称电流梯度法,检测系统主要由发射机、接收器和 A 字架组成。其主要原理是发射机将检测信号电流施加到管道上,电流沿着管道两侧传输,在地面上沿管道测量电流值,管中电流信号随管道距离的增加而减小。当管道防腐层完好时,电流衰减率与管道距离呈线性关系,当管道发生腐蚀破损时,电流衰减异常。通过配套的 A 字架能准确定位防腐层缺陷位置。该方法定位准确,抗干扰能力强,可以一次性完成防腐层绝缘电阻检测和确定防腐层缺陷漏电位置,节省开挖时间和投资,操作简单,适用于大多数管网的检测,尤其适用于长距离输送管线腐蚀层的检测和评价。与其他检测方法相比,在针孔很小的防腐层缺陷定位方面,还有很大差距。

5）变频—选频检测法

变频—选频检测法是通过在管道外施加一个高频电信号,通过测量信号传播的衰减来求出管道外防腐层的绝缘电阻率。该方法主要对管道沿线防腐层电阻进行测试,以确定防腐层失效的范围。变频—选频检测法现场使用方便,测试距离长,不受管段分支影响,实用性好,能快速普查整条管道外防腐层的综合保护性能,能对测量管段进行防腐层电阻的综合评价,但该方法只能测试一定管段的防腐层绝缘电阻值,无法判定破损点的准确位置,无法确定外防腐层的缺陷位置及大小,无法判别外防腐层是否剥离,外防腐层破坏严重时无法使用。

四、储气库风险评估技术

储气库面临着许多安全隐患,针对储气库的失效模式开展风险评估就显得尤为重要。风险是失效概率和失效后果的乘积,风险分析有定性、定量、半定量分析三种方法。风险管理的流程包括风险源识别、风险分析、风险评价和风险决策几部分。基于风险的检验能够在降低风险的同时,实现安全性和经济性的统一。

气藏型储气库风险评价标准主要包括 API 1171、CSA Z341.1、API 353 等,仅部分标准中涉及了储气库风险评价方法的介绍。

API 1171 中第 8 部分"储气库操作风险管理",对于储气库风险评价分为 6 个步骤,包括风险管理、数据收集和整合、威胁和危害识别与分析、风险评估、预防和缓解措施、定期审查和重新评估,在该标准中对于风险评估提出了操作流程和建议。

《美国地下储气库管理注意事项》中第 3 部分"风险管理",对于储气库潜在威胁的缓解与处理措施给出了简要说明,内容包括风险管理初衷与设计原理、识别潜在威胁和危险的反应、批准和认证要求等。该标准对于风险评估内容介绍很少,主要对储气库的风险管理、降低储气库潜在事故威胁的措施提出建议。

CSA Z341.1 附录 D"地下储气库风险评价指南"涉及风险评价方法。在该部分中对风险识别的定义、风险识别、频率分析、后果分析、风险评价以及风险评估意义有简要的说明,该部分对储气库实行风险识别的意义大于实际操作。而同系列标准 CSA Z341.2 附录 D"碳氢化合物地下储气库风险评价指南",将风险评价分为 8 个步骤:评价对象定义、风险识别、频率分析、后果分析、风险估计、风险评价、风险重要度评价、控制措施分析,在风险识别、失效概率计算和后果计算方法方面提出了建议,但操作性不强。

对于集站设施的风险评估技术,API 353 研究了地面储罐的危害识别与风险评估方法,该标准对于风险评估的介绍使用了大篇幅的规定,涉及风险因素识别、风险评估程序、评估方法、结果分析计算、风险减缓措施以及事故应急响应等方面。该标准中还包括现场工作人员的责任与要求,对管理人员的上岗培训、风险意识都提出了指导意见,还涉及对于企业管理的规定,是十分全面的地面设施风险评估标准。

API 1160 认为,站场完整性与管道完整性具有相同的管理特征。因此,站场风险管控的实施步骤与天然气管道风险管控方法一致。风险管控程序必须灵活,风险管控程序是根据管道的操作条件而为运营者量身定做的,要根据设计、运行条件、系统所处环境、新的运行数据和其他完整性信息的变化对其不断地进行评估和修改。必须进行连续评估,以保证管道系统可以使用先进的技术、管理体系和运营者的商业运营相结合,实现有效支持运营者的完整性目标,这在地下储气库管理中也同样适用。

《管道风险管理指南》中关于站场风险评估的思路认为:实现站场风险管控循环的主要途径是将站场设备和管道依照一定的规则划分为单元或区块,就可以按照油气管道的风险评价思路进行风险管理。

相对于地面工程的风险研究,有关地下工程风险的研究并未成熟。国外有众多学者开展了对于储气库地下工程设施的研究[36]。Berest[37]对地下储气库发生事故的历史案例进行分析,并提出了相应的预防措施;Evans[38]对地下储气库的失效事故进行了分析研究,并阐述了地下储气库风险评价方法的发展趋势;Clark 和 Borst[39]以西雅图建库为例,分析了建库应考虑的风险因子,提出了库址选择的相关标准;Davis 和 Namson[40]对风险的失效概率进行计算,采用层次分析法进行了风险评估研究;Muhlbauer[41]提出了采用确定最可能故障点的方法,进行风险评估和风险的不确定性分析;Mohammed 等[42]总结了风险分析在工程技术中的应用现状和发展趋势。

(一)风险因素的识别

储气库中风险类型多种多样,涉及地面、地下设备及结构的多个方面。在设施风险因素识别过程中一般采用单元划分的方式进行分类处理。评价单元划分是根据评价目标和评价方法的需要进行的。为了便于评价工作的进行,有利于提高评价工作的准确性,划分评价单元的一般性原则为按生产工艺功能、生产设施设备相对空间位置、危险有害因素类别及事故范围划分评价单元,使评价单元相对独立,具有明显的特征界限;还可以按评价的需要将一个评价单元再划分为若干子单元或更细致的单元。

储气库设施风险分为地下系统风险、地面基础设施风险,即地下系统和地面工程两部分。地下系统包括注采井和地质结构两个单元,其中注采井又可分为采气树及井口装置和注采井井筒两部分。根据各部分结构功能不同,地面工程设备包括管道、压力容器和压缩机三个单元。

1. 地下系统风险

储气库地下系统风险因素识别主要包括采气树及井口装置风险识别、注采井筒风险识别、井筒环空带压失效风险识别和地质结构风险识别。

采气树和井口装置作为天然气进出地下储气空间的门户,在天然气注采过程中起着调压、密封、检修和紧急切断等功能,其结构主要由各种功能的闸板阀、四通、接头、连接密封面构成。采气树及井口装置的风险涉及阀门的内外漏、连接处密封性、连通空间的堵塞。具体的风险因素分析见表 1 - 3 - 3。

冬季采气环境温度较低,部分产液井生产期间或者停采后,残存液聚积在仪表根部,造成仪表根部冻堵,导致数据假象错误;定期对现场和远传仪表显示进行核对分析,存在差异进行原因分析核查,及时处理。压力表、压力变送器主要风险因素分析见表 1 - 3 - 4。

表1-3-3 采气树及井口装置风险因素分析

风险因素	风险因素描述
平板阀门内漏	(1)平板阀阀板磨损;(2)平板阀阀杆密封损坏
平板阀密封圈外漏	(1)密封压盖损坏;(2)轴承压帽松动;(3)油脂注入接头内密封损坏
平板阀冻堵	(1)部分井产液量大;(2)井下安全阀半开或采气树某阀门半开存在节流;(3)一级节流比过大,单井开井后温度提升缓慢,造成阀门冻堵
注脂口损坏	注脂口内部部件损坏
法兰连接处外漏	(1)法兰连接螺栓松动;(2)内部钢圈变形或损坏

表1-3-4 压力表、压力变送器主要风险因素分析

风险因素	风险因素描述
压力表、压力变送器冻堵	造成数值假象,影响生产指导
压力表、压力变送器表值不准	造成数值假象,影响生产指导
压力表表体损坏、压力变送器损坏	造成数值假象,影响生产指导
压力表未标定	造成数值假象,影响生产指导
压力表连接部位外漏	连接部位松动;接头、螺纹损坏
压力表盘内硅油外漏	密封不严,表体损坏,正常流失

地下储气库的井筒主要由固井水泥环和井下设备组成。井下设备主要包括油管、油管短节、循环滑套、封隔器、筛管、井下安全阀以及表层套管、技术套管和生产套管。注采井筒风险包括腐蚀风险、泄漏风险、断脱风险、不正常开关风险、密封不严风险、堵塞风险、变形风险等。井筒主要风险因素分析见表1-3-5。

表1-3-5 井筒主要风险因素分析

风险因素	风险因素描述
油管丈量不准确	油管不够长;油管过长
油管质量差	油管强度不足;油管材质不达标
油管螺纹连接问题	油管螺纹连接不到位
油管断脱	油管脱扣;油管断裂
油管漏气	油管出现砂眼;油管裂隙;油管断脱
油管变形	油管弯曲;油管变形
油管腐蚀、冲蚀	油管腐蚀
油管堵塞	油管堵塞

井筒环空带压是指在储气库运行过程中,由于井筒内结构破坏,导致天然气从井筒中窜到井口,使得井筒环形空间非正常带压。作为一种发生频率相对较高的失效模式,井筒环空带压的产生一方面影响注采井的产量,另一方面可能造成人员伤害、爆炸等严重后果。井筒环空带压的产生受到井筒内水泥环、套管、油管等结构状态的影响,使得井筒环空带压成为影响地下系统设施失效的重要模式。井筒环空带压有害因素分析见表1-3-6。

表1-3-6 井筒环空带压有害因素分析

事故类型	有害因素分析
套管外区域带压	套管头密封装置失效
套管与地层间的水泥环带压	生产套管密封失效、水泥环密实性受损
井口套管与油管之间带压	技术套管密封性失效

气藏型地下储气库地下设施中地质结构主要包括注采井气藏的盖层和地质断层以及废弃封堵井。地质结构失效主要发生在注气阶段,由于地质结构各部分失效,导致气体发生迁移。地质结构风险因素分析见表1-3-7。

表1-3-7 地质结构风险因素分析

事故类型	风险因素分析
注气阶段气体迁移	由于注采气体的交变应力,导致盖层或地质断层产生疲劳开裂,导致气体迁移;注气时,超压导致气体从地质断层中逸出;废弃井封堵失效,导致同一储层气体从废弃井发生迁移

2. 地面基础设施风险

地面基础设施风险主要包括管道、各种压力容器(分离器、储气罐、缓冲罐等)及注汽压缩机等存在的风险。

注采管线是影响储气库风险的重要设备,在地下储气库生产过程中受到交变应力的作用,增大了失效的可能性。管道主要风险包括管道发生天然气泄漏或爆裂、物体打击等,具体分析见表1-3-8。

表1-3-8 管道主要风险因素分析

事故类型	风险因素分析
天然气泄漏或管道破裂,引发火灾或爆炸事件	(1)设计、安装存在缺陷,承压能力不足,安装质量缺陷;(2)管道焊缝咬边等缺陷超标或存在未熔合、裂纹等焊接工艺缺陷;(3)管道腐蚀导致壁厚减薄,应力腐蚀导致管道脆性破裂;(4)系统出现故障或误操作导致管道压力骤然升高,超过设计压力;(5)管道的高低压分界点,因操作失误或阀门密封不严可能造成高压气窜入低压系统,引起超压
物体打击伤害事故	(1)操作阀门位置不对,阀杆窜出;(2)阀门质量有缺陷,阀芯、阀杆、卡箍损坏飞出;(3)带压紧固连接件,连接件突然破裂;(4)带压紧固压力表,压力表连接螺纹有缺陷,导致压力表飞出
第三方破坏或自然灾害等造成管道破损	(1)管道周边的人类活动,例如堆土、爆破、碾压等;(2)地质灾害、地震等自然灾害破坏

地下储气库站场压力容器主要风险是容器爆裂或泄漏引发的安全事故。设计制造存在缺陷或长期运行后产生新的缺陷,导致容器承压不足或受外力冲击;焊接材料或焊接工艺不满足规范要求,造成脆性破坏;压力元件失效,承压能力不足;操作失误,压力、温度与液位等检测仪表失效,安全阀失效,防雷与防静电设施失效等都可能引发容器爆炸,导致系统发生意外伤害事故。

注气压缩机主要风险是燃烧爆炸、振动危害、机械事故、机械伤害等,具体分析见表1-3-9。

表 1 - 3 - 9　注气压缩机主要风险因素分析

事故类型	风险因素分析
注气压缩机燃烧爆炸	(1)吸排气阀失灵,密封不严,造成天然气泄漏,引起着火爆炸;(2)轴封处天然气泄漏严重,引起着火;(3)阀门漏气,照明接头处短路,引起着火爆炸;(4)机组部件或连接管线腐蚀、疲劳断裂造成天然气泄漏;(5)温度、压力过高,积炭自燃;(6)误操作、违章作业导致燃烧爆炸;(7)因制造缺陷、管理不善引起燃烧爆炸
压缩机振动造成危害	(1)造成机组管线开裂或法兰连接件松动,引发天然气泄漏,可能造成燃烧事故;(2)造成仪表管线或连接处疲劳损坏,使仪表失灵,甚至损坏,引发机械事故等;(3)阀门密封件失效从而引发天然气泄漏,可能造成燃烧事故;(4)振动大会引起拉缸、烧瓦;(5)振动大会增加机器的噪声,使操作人员工作条件恶化;(6)振动大会缩短机器的使用寿命等;(7)压缩机组安全阀固定不合适,压缩机振动可能造成安全阀失效,引发安全事故
压缩机发生机械事故造成设备损坏、人员伤亡或财产损失事故	因设计、制造缺陷,安装不当,管理、维护不善等因素造成活塞杆断裂、气缸开裂、曲轴断裂、连杆断裂和变形、活塞卡住与开裂、机身断裂、烧瓦等机械事故
机械伤害	(1)设备运转部分防护不当或未设防护装置造成人员伤害;(2)由于设备运转部件断裂飞出或设备爆裂发生的物体打击事故

(二)风险评估方法

国外用于风险评价的方法较多,其中常用的且比较成熟的方法主要有美国道化学公司火灾和爆炸指数评价法、英国帝国化学公司蒙德法、日本六阶段安全评价法和指标体系法,以及动设备以可靠性为中心的维修(RCM)、静设备基于风险评价的检验技术(RBI)和安全仪表安全完整性等级(SIL)评价[43]。

1. 故障树分析法

采用故障树分析方法可以对系统的可靠性进行相关预测,同时可以在设计最初阶段用来帮助判明潜在的事故,找出系统的薄弱环节,即分析造成系统失败的最可能原因。根据分析结果,对薄弱环节进行改进或进行合理的可靠性分配,来实现最优化的方案[44]。

故障树分析法以画树状图来表述,树是图论的一种。故障树形以顶事件为树的根,并且由若干个支权组成,各个分支又会向下延伸。每个事件通过逻辑关系相连。故障树的逻辑关系主要包括与、或、非。建立起将要研究的对象和促使对象发生的原因事件之间的逻辑关系链,从而形成树状结构,进而建立起模型,实现分析目的。

故障树分析的过程,是通过对系统风险因素识别,从而层层深入,达到分析的目的,其基本步骤如图 1 - 3 - 2 所示。

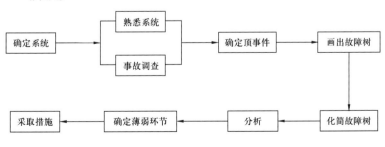

图 1 - 3 - 2　故障树分析过程

2. 层次分析法

层次分析法(Analytic Hierarchy Process,AHP)是一种定量与定性结合的评价方法[45]。

AHP方法通过将人的主观判断用数量方式表达出来,使得结果更加客观,其在很多领域都得到了推广和应用。层次分析法的步骤主要包括确定评价指标体系、确定指标权重、建立综合评价模型、进行综合评分。其中最关键的步骤就是构建一个判别矩阵来求得权重。判别矩阵通常采用专家咨询法获得,多位专家进行评判,使用层次分析法求权重,尽可能地消去主观因素的影响。图1-3-3为地下储气库注气方案综合评价指标体系。

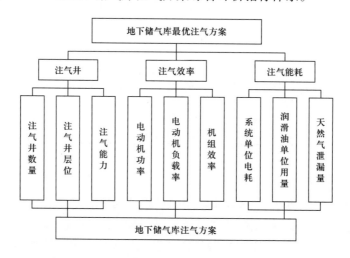

图1-3-3 地下储气库注气方案综合评价指标体系

3. 评分法

评分法属于半定量风险分析方法[46],此方法是建立在故障树分析法与层次分析法基础上的,即通过故障树分析法分析储气库井的薄弱环节,采用层次分析法确定储气库井风险因素权重,在此基础上制定在用储气库井的风险评估方法——评分法。

4. HAZOP 法

HAZOP 法是一种用于辨识装置设计缺陷、工艺过程危害及可操作性问题的定性风险评价方法,主要通过偏差查找事故发生的原因、可能造成的后果,并且在已有保护措施的基础上,提出控制或降低风险的建议措施。其分析具有系统性、科学性等优点,已广泛应用于石油、化工等行业。梁光川等[60]针对地下储气库井日益凸显的腐蚀、老化等问题,采用 HAZOP 法对 CNG 地下储气库井开展安全性分析,共提出了 94 条建议措施,采用率达到 90% 以上,为生产安全管理工作提供了有力依据[47]。

五、储气库风险控制技术和安全管理现状

(一)储气库完整性控制技术

储气库完整性控制技术主要包括储气库防腐控制、水合物控制、防砂控制、套管控制、环空带压控制等方面,完整性控制是确保储气库安全运行的重要措施,增强储气库的安全性能,延

长使用寿命。

1. 防腐控制

国外储气库防腐主要分为管柱防腐和地面设施防腐。注采管柱材质的选择应根据注采气组分而定(主要是防二氧化碳)。若存在腐蚀因素,应采用相应的防腐材质,国内外研究结果表明,经济型低 Cr 抗腐蚀套管、超级 13Cr 不锈钢抗腐蚀套管、双相不锈钢抗腐蚀套管、镍基合金抗腐蚀套管等防二氧化碳腐蚀效果较好。另外,在储气库设计时可以考虑通过油管内投入缓蚀棒,逐步释放缓蚀剂,减缓腐蚀,以保护油管内壁。失重挂片法和在线腐蚀探针监测是评价缓蚀剂效果的主要方法。此外,国外储气库还引用了阴极保护防护技术和环空保护液防腐技术,并取得了较好的效果。

2. 水合物控制

储气库水合物控制方面,国内外采用的技术基本一致,包括 4 个方面:(1)把压力降低到低于给定温度下水合物的生成压力;(2)保持气体温度高于给定压力下水合物的生成温度;(3)气体脱水,把气体中的水蒸气露点降低到操作温度以下;(4)往气体中加入防止水合物生成的抑制剂,降低水合物的生成温度。常用的水合物抑制剂有甲醇、乙二醇、二甘醇等,国外也采用聚醚多元胺等产品。

3. 防砂控制

在储气库防砂控制方面,国外研究认为注采井采用裸眼或筛管完井更有利于注采气,并已进行现场应用。国外储气库在应用裸眼或筛管完井时,普遍重视出砂问题,对出砂研究从建模、预测,到防砂、补救都较为深入,威德福、哈里伯顿、Darcy、贝克休斯等国际公司都开发了相关产品(表 1 – 3 – 10)。

表 1 – 3 – 10　地下储气库防砂控制技术

防砂控制技术	公司	特征
可膨胀防砂筛管(ESS)技术	威德福	应用广泛,其中在裸眼井中应用占 74%,在套管井中占 26%
GeoFORM 防砂技术	贝克休斯	可以大幅度降低与之相关的作业风险,不开泵的条件下完成裸眼防砂作业,其防砂效果不亚于砾石充填完井
高强度耐压筛管系统	Darcy	适用范围更加广泛,能够有效简化操作流程,节省作业时间和人工成本
液压防砂筛管	哈里伯顿	积极的防砂效果;有效的井筒支持;区域隔离和分区能力;可以与流量控制装置配合应用;耐压性能 35MPa 以上;与标准的完井设备和工具的兼容性好

4. 套管控制

针对储气库套管损坏的防护措施一般包括采用高强度抗腐蚀的合金管材,修补和下套管内衬,采用固井工艺,套管环空液防止腐蚀,采用筛管防砂工艺。除此之外,还可以调整优化储气库井网来进行防护。套管控制相关技术及特点见表 1 – 3 – 11。

表 1-3-11　套管控制相关技术及特点

技术措施	技术特点及效果
套管环空保护液的应用	套管环空保护液可以保护油(套)管,保证井筒完整性;防止封隔器等密封件老化;平衡油套环空与地层的压力,平衡油套环空压力,使封隔器上下的压力平衡
储气库固井井筒密封完整性技术	地层动态承压试验技术、提高顶替效率技术、预应力固井技术及韧性水泥浆体系的使用,极大地提高了水泥环的长期密封完整性
强注强采完井套管的研发	新型地下储气库注采气完井管柱,采用软件模拟优化配套工具尺寸及管柱预应力完井,实现了安全控制及强注强采等要求,延长了管柱免修期,减小了交变应力对管柱的影响,实现了套管不带压平稳安全生产
弹性水泥浆固井	采用具有膨胀性和预防微裂缝产生能力的弹性膨胀水泥浆体系固井,以解决储气库不断注气、采气对水泥环收缩变形的影响。该弹性膨胀水泥浆在呼图壁储气库应用了 20 余口井,声幅合格率达 100%,使用该体系固井能保证 30 余年的封固质量

5. 环空带压控制

储气库井油套环空带压在国内外都是普遍现象。环空带压会对注采井的安全运行、使用寿命带来影响,因此,应加强管柱气密封设计。常用的做法:一是采用带扭矩仪的油管钳上扣,保证上扣扭矩;二是采用氦气检测,保证上扣质量。但由于这些工作并不能模拟井下的真实环境,加之储气库井长期处于高压循环注采气状态,造成油套环空带压几乎是不可避免的,只是时间早晚的问题。因此,应开展环空带压控制技术研究,确定环空压力值的上限值,当压力值超过预限值时就要释放一部分压力。这个预限值受注采井井身结构、油管尺寸、钢级等因素的影响而有所不同。

目前开展了一些探索性的研究工作:一是在环空内除加注保护液外,还在其顶部加注氮气,以改善管柱的受力状态,提高管柱气密封性能;二是改造流程,除监测环空压力外,直接将环空与放空系统连在一起。继续深入观察环空压力变化情况,加强研究,形成统一的管理规范,以保证储气库的安全运行。

环空带压的预防和治理技术措施从固井技术手段出发,包括以下几个方面的内容:提高固井时的顶替效率;做到"三压稳"(固井前压稳、候凝过程中压稳、固井过程中压稳);设计满足封固要求的水泥浆体系;水泥石力学性能能承受井下温度、压力、应力的变化。

国内外针对储气库井防气窜固井工艺技术要求,对储气库井的研究主要有以下几种技术或应用措施:平衡压力固井工艺技术;环空憋压;限制水泥浆返高;采用多凝水泥浆;振动固井;脉冲注水泥技术;管外封隔器防气窜技术;旋转尾管固井技术等。

国内外防气窜固井水泥浆有触变水泥、直角稠化水泥浆体系、充气水泥、延缓胶凝水泥浆、非渗透水泥浆、新型防气窜水泥。国外如斯伦贝谢、W&T Offshore、哈里伯顿、Trican、TAM International、安东石油等公司都有自己的防气窜技术。

(二)储气库安全管理现状

储气库安全管理研究主要从储气库安全管理理论、管理体制、管理方法等入手,对涉及储气库安全的各个环节(如组织体制、监督管理、生产作业、安全分析等)进行有效控制,从而保证储气库生产过程的顺利进行[48]。

1. 国外储气库管理现状

(1)美国采取市场机制进行天然气的管理,其储气库的所有者和经营者是州际管道公司、地区经销商、州内管道公司,以及独立的储气库经营者。美国PG&E公司将安全文化作为一种管理理念,并在此基础上开发和实施过程安全管理。过程安全管理侧重于防止低频率、高后果事件并减轻其后果。过程安全管理系统用于设施的设计、设备的维护、设施的变更,确保安全运行。过程安全管理体系包含承诺过程安全、了解危险和风险、管理风险、从经验中学习4个基本模块。

(2)欧洲对储气库的安全管理已经达到了很高的水平,已知的事故是由于早期建设经验不足或者人为错误造成的,为此,欧洲不断完善、制定严格的安全法规,以避免事故发生。欧洲对地下储气库的规划、布局、施工及后续操作有严格的规定,英国制定了储气库的相关法规,包括《土地利用计划和危险物质许可》《主要事故危害规章(1999)》《井场和操作规范(1995)》和《管线安全规范(1996)》。其中,《土地利用计划和危险物质许可》主要应用于储存地点的安全性评价;《主要事故危害规章(1999)》主要用于预防天然气储存事故的发生,限制此类事故对人和环境可能造成的危害。俄罗斯极其重视地下储气库的建设和发展,专门设立了储气库管理部门,以规范储气库的建设发展。俄罗斯储气库设施的主管部门是俄罗斯天然气工业股份公司,主导着俄罗斯的天然气行业,其天然气产量占俄罗斯的90%以上。俄罗斯天然气行业的监管部门是俄联邦能源管理委员会,其主要职责是控制执照发放、调控天然气价格以及运输费率。法国的天然气储备采取公司经营的模式,相关公司进行天然气储备资金的筹划工作。目前,法国地下储气库的经营商主要是法国天然气公司和道达尔公司。

2. 我国储气库管理现状

我国地下储气库的安全管理及技术相比于发达国家还有较大差距。在管理方面,随着科学技术的发展,储气库安全管理水平已有较大提高,但目前运行的储气库在安全环保管理、风险管控能力等方面仍存在诸多不确定因素,主要包括安全管理意识不强、管理制度不健全、管理专业人员缺乏、管理模式陈旧等。在技术层面,地下储气库建设运行包括新钻注采井、老井封堵、注采场站、工艺管线建设和注采运行、地面设施和注采井维护、气藏和地面监测等运行管理,其安全工作涉及的专业面广,对从业人员素质要求高。在政策方面,我国已根据自身管理要求制定了部分标准和规范,尚不全面且缺少国家层面的法律法规。地下储气库建设、运行大部分情况仍是参照现有油气开采、管道建设运行的有关要求和标准规范执行,储气库安全运行从制度和标准层面无法得到可靠保障。

参 考 文 献

[1] 丁国生,谢萍. 中国地下储气库现状与发展展望[J]. 天然气工业,2006,26(6):111-113.

[2] 袭明. 中国天然气地下储气库现状及发展趋势[J]. 石化技术,2017,24(8):190.

[3] 赵新伟,李丽锋,罗金恒,等. 盐穴储气库储气与注采系统完整性技术进展[J]. 油气储运,2014,33(4):347-353.

[4] 董绍华,韩忠晨,费凡,等. 输油气站场完整性管理与关键技术应用研究[J]. 天然气工业,2013,33

(12):17.

[5] 魏东吼,董绍华,梁伟.地下储气库完整性管理体系及相关技术应用研究[J].油气储运,2015,34(2): 115-121.

[6] 丁舒羽,秦小建,金金,等.天然气管道的完整性管理[C].常州:全国设备润滑油与液压学术会议,2015.

[7] 杨祖佩,王维斌.我国油气管道完整性管理体系发展与建议[J].油气储运,2006,25(9):1-6.

[8] 张刚雄,郑得文,张春江,等.地下储气库信息数据管理平台开发及应用[J].油气储运,2015,34(12): 1284-1287.

[9] Amudo C,Graf T. Where is the gap? Is it in more reservoir engineers or in leveraging new skills and workflows that enhances individual productivity? [J]. Journal of Petroleum Techology,2009,61(9):70-71.

[10] 赵平起.大张陀凝析气藏地下储气库配套技术研究[D].成都:成都理工学院,2001.

[11] 马小明,余贝贝,马东博,等.砂岩枯竭型气藏改建地下储气库方案设计配套技术[J].天然气工业, 2010,30(8):67-71.

[12] 张益炬.枯竭油气藏型地下储气库方案优选及安全性评价方法研究[D].成都:西南石油大学,2014.

[13] 舒萍.大庆油田建设地下储气库设计研究[D].成都:西南石油大学,2005.

[14] 沙宗伦.喇嘛甸地下储气库技术及管理方法研究[D].大庆:大庆石油学院,2006.

[15] 陈学玲.京58气顶油藏改建储气库项目的风险管理研究[D].天津:河北工业大学,2008.

[16] 杨再德,张香云,王建国,等.苏桥潜山地下储气库完井工艺配套技术研究[J].油气井测试,2012,21 (6):57-59.

[17] Bennion D B,Thomas F B,Ma T,et al. Detailed protocol for the screening and selection of gas storage reservoirs [C]. SPE 59738,2000.

[18] Tabari K,Tabari M,Tabari O. Investigation of gas storage feasibility in Yortshah aquifer in the central of Iran [J]. Australian Journal of Basic and Applied Sciences,2011,5(12):1669-1673.

[19] 谭羽非.天然气地下储气库技术及数值模拟[M].北京:石油工业出版社,2007.

[20] Kanaga D. Underground Gas Storage:Issues Beneath the Surface[C]. SPE 88491,2004.

[21] Maslennikova Yu S, Bochkarev V V, Savinkov A V, et al. Spectral noise logging data processing technology [C]. SPE 162081,2012.

[22] Ghalem S,Serry A M,Al-Felasi A,et al. Innovative Logging Tool Using Noise Log and High Precision Temperature Help to Diagnose Complex Problems[C]. SPE 1617/2-MS,2012.

[23] 周延芳.文96储气库腐蚀监测与分析[J].内蒙古石油化工,2016(9):85-86.

[24] 刘刚,董绍华,毕治强,等.储气库集注站内腐蚀监测方法初探[C]//2013中国油气田腐蚀与防护技术 科技创新大会论文集,2013:25-28.

[25] 朱亮,高少华,丁德武,等.光学气体成像技术在泄漏检测与维修中的应用研究[J].安全、健康和环境, 2014,14(4):14-16.

[26] 虞路生.基于压力容器磁粉探伤技术的应用分析[J].工程技术(全文版),2016(12).

[27] 黄胜清.超声波测厚技术的应用[J].化工管理,2015(9):47-48.

[28] 王璟,张广清,惠楠,等.探头旋转式超声波检测仪在储气库井井壁腐蚀检测中的适用性分析[J].物理 测试,2014,32(5):24-27.

[29] 罗庆.电磁探伤测井技术在中原油田的应用[J].内蒙古石油化工,2017,43(5):75-77.

[30] 孙志峰,王春艳,陈洪海,等.多功能超声成像测井仪在套损及固井质量评价中的应用[J].石油天然气 学报,2013,35(6):75-78,6-7.

[31] 郑友志,余朝毅,刘伟,等.井温、噪声组合找漏测井在龙岗气井中的应用[J].测井技术,2010,34(1): 60-63.

[32] 张娜娜.多臂井径仪套管探伤技术研究[D].西安:西安石油大学,2015.

[33] 艾炜.中子伽马测井在储气库井中的技术探讨及应用[J].中国石油和化工标准与质量,2017,37(9):

166 - 167.

[34] 汪永康,刘杰,刘明,等. 石油管道内缺陷无损检测技术的研究现状[J]. 腐蚀与防护,2014,35(9):929.

[35] 李新明,段家宝,李常胜. 关于超声波无损检测技术的应用研究[J]. 中国高新技术企业,2014(5):29 - 30.

[36] Mcyay D, Spivey J P, Holditcii S A, et al. Optimizing gas - storage reservoir performance [J]. SPE Reservoir Evaluation & Engineering, 2001,4(3):173 - 178.

[37] Berest P. Accidents in underground oil and gas storages:case histories and prevention [J]. Tunneling and Underground Space Technology, 1990,5(4):327 - 335.

[38] Evans D J. An appraisal of underground gas storage technologies and incidents, for the development of risk assessment methodology[R]. Nottingham UK:British Geological Survey,2007.

[39] Clark G T, Borst A. Addressing risk in Seattles'underground[J]. PB Network,2002(1):34 - 37.

[40] Davis T L, Namson J S. Role of faults in California oilfields:PT TC field trip August 19, 2004[EB/OL]. [2004 - 08 - 19]. http://www. davisnamson. corn/down loads/PTTC. FieldTrip_19Auq04_Final_LoRes. pdf.

[41] Muhlbauer K W. Pipeline risk management manual[M]. Houston:Gulf Publishing Company,1992.

[42] Mohammed Al - Khalil, Sadi Assaf, Fahad Al - Anazi. Risk - based maintenance planning of cross - country pipeline[J]. Journal of Performance of Constructed Facilities,2005(5):124 - 131.

[43] 侣庆民. 化工园区区域定量风险评价模式研究[D]. 沈阳:东北大学,2008.

[44] 李志楠. 基于故障树分析的储气库井风险评价方法[D]. 大连:大连理工大学,2012.

[45] 王兴畏,伍劲涛,张玉梅. CNG 地下储气库井模糊层次分析法安全评价模型[J]. 煤气与热力,2013,33(1):1 - 5.

[46] 梁光川,何慧娟,何莎,等. HAZOP 技术在 CNG 储气库井风险评价中的应用[J]. 石油与天然气化工,2015,44(1):99 - 102.

[47] 李国韬,张淑琦. 浅析我国气藏型储气库钻采工程技术的发展方向[J]. 石油科技论坛,2016,35(1):28 - 31.

[48] 古小平,王效东,陆姚华,等. 储气库的安全管理概述[J]. 内蒙古石油化工,2007(8):322 - 324.

第二章 气藏型储气库监测技术

天然气泄漏是储气库的主要风险,一旦发生,将对周边居民安全和公共财产造成巨大威胁,甚至造成恶劣的社会影响。为了保障地下储气库长久、安全高效运行,及时掌握储气库运行动态,建立系统化、永久化、动态化的气藏型储气库监测体系极为必要。通过科学、合理、有效地部署储气库"地质体—井筒—地面"立体监测体系,可实时监测储气库的密封性、运行动态参数、流体运移及气水界面变化等,实现储气库地质体、井筒与地面泄漏风险动态监测与预警。

第一节 气藏型储气库监测体系

国外储气库动态监测技术日趋完善,仪器设备齐全配套,但由于地质情况和对储气库的要求存在差异,各国对地下储气库的监测及管理内容有差别。例如,法国地下储气库运行时,对注采气井不做井下生产动态监测,只在井口和地面进行压力、流量和组分的实时测试;美国等国家在储气库气水界面附近和盖层附近部署一批观察井,用以监测储气库井下的动态变化,包括气顶、气水界面和盖层的密封情况等。我国储气库具有构造破碎、埋藏深等复杂地质条件特点,监测体系主要包括圈闭密封性监测、井筒动态监测、内部运行动态监测和地面设施监测四大方面,涵盖储气库建设运行全过程。

一、圈闭密封性监测

对含气区域内盖层、断裂系统、溢出点、周边储层以及上覆渗透层和浅层水域监测天然气泄漏,确保注入气库天然气能存得住。

二、井筒动态监测

井筒动态监测包括注采井参数监测、注采井密封性监测等。

三、内部运行动态监测

内部运行动态监测包括监测注采动态、内部温压和流体性质、气液界面与流体运移、注采井产能等,了解单井注采气能力、储层性质、流体分布及变化等,指导气库扩容达产、优化配产配注及井工作制度调整。

四、地面设施监测

地面设施监测包括地面腐蚀监测、管道压力监测、天然气泄漏监测,确保地面设施的完整性和安全运行。

第二节　圈闭密封性监测技术

合理设置监测井是储气库圈闭密封性监测的主要手段。国外还采用地球化学监测、氦—钍微量元素测量、微地震、空间对地观测等技术用于圈闭密封性监测。地球化学监测、氦—钍微量元素测量可直接判断圈闭天然气漏失。微地震技术通过解释处理由于注采交变应力产生的微地震事件及其应力应变强度，判断圈闭密封性失效风险。空间对地观测技术，如干涉雷达测量(InSAR)和全球定位系统(GPS)联合监测储气库含气区域及周边地表沉降。我国气藏型储气库圈闭密封性监测主要采用监测井网(图 2 - 2 - 1)与微地震协调配置的方式。圈闭密封性监测主要包括断层密封性监测、盖层密封性监测和周边及溢出点监测。

图 2 - 2 - 1　气藏型储气库监测井网示意图

一、盖层密封性监测井

通过在直接盖层之上储层部署监测井(利用老井或新钻井)，监测储气库运行过程中盖层可能存在的天然气漏失。监测井应部署在盖层岩性可能变化、厚度变薄区域以及盖层内部断裂发育区易发生漏失区域处。监测内容包括压力和温度监测、地层水烃类含量监测和示踪剂(放射性气体)监测。

压力和温度监测要求包括：

(1)在井口安装压力表，连续监测井内压力变化。

(2)对于重点监测井，采用井下永置式压力计连续实测压力。

(3)定期采取井筒内下压力计的方式，测取地层压力，测量液面，并记录井口油压、套压，每半年应测取一次，每年不少于两次。

(4)在监测地层压力时，应同时下入温度计测取地层温度、井筒温度梯度及井口静温。

（5）可根据实际情况适当加密监测压力和温度。

地层水烃类含量监测要求包括：

（1）定期下入取样器获取直接盖层之上储层地层水样品，利用气相色谱法或其他方法分析地层水中烃类含量变化。

（2）每半年应测取一次，每年不少于两次。

（3）若在连续监测时压力、温度及液面出现异常变化时，可根据实际情况及时进行地层水取样，分析烃类含量变化。

示踪剂（放射性气体）监测要求包括：

（1）选择合适的示踪剂（放射性气体），主要考虑几个方面：地层内不含或背景浓度极少，易于检测识别；在地层中吸附滞留量少；化学稳定性强，与地层配伍性好；分析方法简单，灵敏度高；成本低，无毒安全；放射性气体对人体无伤害或伤害极小。

（2）在盖层易漏失处附近的储气库注气井中持续注入示踪剂（放射性气体）。

（3）定期检测盖层上覆地层水中示踪剂（放射性气体）含量。

二、断层密封性监测井

通过在储气库断裂系统另一侧部署监测井（利用老井或新钻井），监测储气库运行过程中断裂系统可能存在的天然气漏失。断层监测井应部署在断层两侧被断移的地层较薄、侧向及垂向封闭性存在较大风险区域。监测内容包括压力和温度监测、示踪剂（放射性气体）监测。其中，压力和温度监测要求与盖层密封性监测井压力和温度监测要求相同，示踪剂（放射性气体）监测首先应选择合适的示踪剂（放射性气体），并在储气库断裂系统另一侧易漏失处附近的注气井中持续注入示踪剂（放射性气体），并应定期检测示踪剂（放射性气体）含量。

三、周边及溢出点监测井

通过在储气库周边及圈闭溢出点附近部署监测井（利用老井或新钻井），监测储气库运行过程中通过周边及圈闭溢出点可能存在的气体漏失。储气库周边及溢出点监测井应部署在储气库周边及圈闭溢出点附近区域。监测内容包括压力和温度监测、示踪剂（放射性气体）监测和流体性质及组分监测。

压力和温度监测要求包括：

（1）下入毛细管压力监测系统，每天现场测取压力一次。

（2）井筒内定期下入高精度存储式电子压力计，测取地层压力，每两个月测取一次，每年不少于六次。

（3）在监测井底压力时，同时应下入温度计测取地层温度、井筒温度梯度及井口静温。

示踪剂（放射性气体）监测应选择合适的示踪剂（放射性气体），并在注气井中持续注入示踪剂，同时应定期检测地层流体中示踪剂（放射性气体）含量。

流体性质及组分监测要求包括：

（1）定期取天然气样品，进行天然气常规物性及全组分分析，必要时可进行高压物性分析及加密取样。

（2）在注采转换期至少应测取一次，每年不少于两次，可适当加密监测。

四、储气库微地震监测

微地震监测技术就是通过观测、分析微地震事件来监测生产活动的影响、效果及地下状态的地球物理技术。地层内地应力呈各向异性分布,剪切应力自然聚集在断面上。通常情况下,这些断裂面是稳定的。然而,当原来的应力受到生产活动干扰时,岩石中原来存在的或新产生的裂缝周围地区就会出现应力集中,应变能增高;当外力增加到一定程度时,原有裂缝的缺陷地区就会发生微观屈服或变形,裂缝扩展,从而使应力松弛,储藏能量的一部分以弹性波(声波)的形式释放出来,产生小的地震,即微地震。在储气库长期运行过程中,必须对储气库内断层、盖层、流体运移及井筒完整性进行监测,以保证储气库安全运行。

第三节 气藏型储气库井筒监测技术

储气库生产井大排量周期性注采,井筒工况复杂,井筒完整性失效风险高,据统计,储气库安全事故中 60% 以上与井筒失效有关,因此井筒动态监测要求高。利用监测系统对储气库储层、井筒动态、完井工程质量、井下工程技术状况以及井下工具运转状况等进行监测或监护,是对储层和井进行动态分析的基础,也是制定生产制度、处理措施的依据,贯穿储气库建设和生产的整个生命周期。自 2000 年国内首座储气库大张坨储气库投产以来,井筒动态监测为保障储气库安全生产发挥了重要作用,特别是随着中国石油六座新建储气库的运营,各库在实践中不断积累监测和检测的成功做法,形成了一些有益的经验,对于指导储气库监测工作具有重要意义。气藏型储气库井筒监测主要包括注采井生产参数监测和井筒气密封完整性监测。

一、注采井生产参数监测

(一)监测内容及要求

对储气库注采井监测的动态参数,采气期包括产气量、产液量,地层流压、流温,井口压力、温度、含砂等数据;注气期包括注气量,井口压力、温度,地层流压、流温等数据。通过监测注采井的动态参数,可及时掌握储气库的注采量及库内流体的分布和运移规律,进而分析储气库的运行状况。

1. **压力和温度监测**

对于静压、静温及梯度监测,应考虑:

(1)建库初期,选取 60% 以上的注采井在每个注采平衡期进行一次静压、静温及梯度测试。

(2)建库后期,选取 10%~20% 具有代表性的注采井作为定点测压井,每个注采平衡期进行一次静压、静温及梯度测试。

(3)气库正常运行阶段,平衡期内所有井测取静压、静温等资料;注采期内,安装永久压力(温度)监测系统的生产井,每月一次进行静压、静温及梯度测试,必要时可增加测试次数;选取 30% 其他生产井,每两月一次进行静压、静温及梯度测试。

对于流压、流温及梯度监测,应考虑:

（1）建库初期，采气期选取20%以上注采井，两月一次进行流压、流温及梯度测试，产水井加密至每月一次；注气期选取10%以上注气量差异大的注采井，进行一次流压、流温及梯度测试。

（2）建库后期，采气期选取10%～15%注采井作为定点测压井，进行一次流压、流温及梯度测试；注气期选择5%～10%注采井作为定点测压井，进行一次流压、流温及梯度测试，其余井可通过测井口压力计算井底流压。

（3）气库正常运行阶段，重点生产井两年一次井底流压、流温及梯度测试；其他生产井每个注采期选取10%进行流压、流温及梯度测试。

对于油压、A环空压力、B环空压力和井口温度监测，应考虑：

（1）注采井监测油压、A环空压力、B环空压力和井口温度。

（2）人工监测时，每6～12h记录一次，每天计算平均压力和温度。

（3）采用自动控制装置监测时，应按要求设定，自动采集。改变工作制度前后加密记录油压和套压。

2. 产出流体理化性质

定期取样化验天然气、产出油和产出水。具体测试要求包括：采出气实时在线分析组分；采气期内按比例选井进行产出油和产出水的常规理化分析；环空压力泄放时环空产出流体的理化分析。

3. 出砂

监测产层出砂情况并分析趋势，可在修井作业、地面检修、油水化验时监测、记录出砂情况，以保证注采气量低于临界出砂流量。

（二）监测方式

注采井生产参数监测方式包括常规监测、临时监测和实时监测。

1. 常规监测

常规监测适用于注采井生产参数监测。

2. 临时监测

临时监测是指测取储气库某一特定时刻或阶段的压力、温度，可以通过下入直读式电子压力计直接读取，这时地面需要有读取和存储压力数据配套的设备、人员、车辆。根据现场情况，也可以通过钢丝作业将存储式压力计下入井底，测试完毕后再通过钢丝作业将仪表挂和压力计取出。在高压气井中下入电缆压力计时应格外谨慎，仔细实施。

3. 实时监测

为便于及时掌握储气库运行动态，在储气库重点井中下入仪器进行重点监测。常用的有毛细管测压装置、永久电缆压力温度监测系统和光纤测压装置。

1）毛细管测压装置

该装置是在管柱底端安装一个传压筒，其工作原理是井下测压点处的压力作用在传压筒内的氮气柱上，由毛细管内氮气传递压力至井口，由压力变送器测得地面一端毛细钢管内的氮气压力后，将信号传送到数据采集器，数据采集器将压力数据显示并存储起来。记录下来的井口实测压力数据由计算机回放后处理,根据测压深度和井筒温度完成由井口压力向井下压力的计算。

毛细管测压装置主要由地面部分(氮气源、氮气增压泵、空气压缩机、吹扫系统、压力变送器、数据采集控制系统)和井下部分(井口穿越器、毛细钢管、传压筒、毛细钢管保护器)组成(图2-3-1)。其中,数据采集控制系统由数据处理单元、控制单元、自动控制和显示器组成,自动控制系统又包括继电器和电磁阀;吹扫系统由单流阀、高压针阀、定压溢流阀组成。

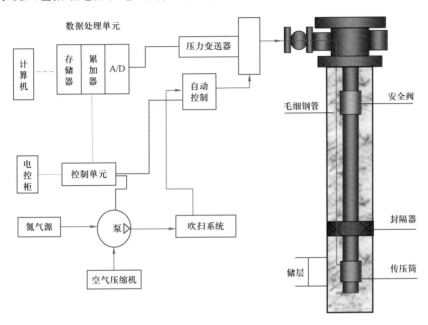

图2-3-1 毛细管测压装置示意图

毛细钢管和传压筒中均充满氮气,氮气源由在井口的普通工业氮气瓶提供,定期将氮气吹扫至毛细钢管及井下传压筒中。

2)永久电缆压力温度监测系统

永久电缆压力温度监测系统主要由井下和地面两部分组成。井下部分由电子压力计、特殊电缆和电缆保护器组成。井下部分随生产管柱一起下入生产井中,通过压力计中高精度的传感器感应井下的压力和温度,并将经过处理的压力、温度信号经电缆传送到地面。地面部分主要包括井口密封器和数据采集系统。只要不起出生产管柱,整套系统可以长期连续工作。由于永久电缆压力温度监测系统可以实现对井下压力温度的长期连续监测,在大港、华北、相国寺和呼图壁等储气库等都有应用。

永久电缆压力温度监测系统的核心是井下电子压力温度传感器,常用的有石英、硅—蓝宝石谐振传感器。电子谐振膜片是由地面供电激发的共振膜片,是井下感应组件。其工作原理为:弦的上端与支架固定,而下端与传感器膜片相连接,弦在一定张力下张紧固牢,置于永久性磁场中并与磁力线垂直。当弦受外力作用产生振荡时,切割磁力线运动产生交变电动势,变为频率信号输出,压力就变为频率的函数。当谐振式电子压力传感器弦丝的尺寸和材质确定后,弦振动的固有频率是张力的函数,而张力受制于膜片的变形量,变形量的大小由作用于膜片的力(压力)所决定。因此,所测压力可通过传感器的输出频率求得。基于同样原理,可求得所测温度。

设备的安装步骤如下:将仪器预置于管柱外侧,随管柱整体下入套管中,采用电缆与地面通信的工作方式。更先进的技术是将传感器置于井下,电路部分放置于地面,通过光纤或电缆进行信号传输,经地面解算处理得到该探测位置的压力和温度数据,解决了电子电路长期在高温高压下容易损坏的问题。

数据采集系统包括一个地面接口箱和计算机系统。井下数据信号首先到达地面接口箱,经过放大、整形、解码和计算后,进行实时显示,并可通过接口送往计算机,通过专用的采集软件,实现参数设置、信号转换、显示、绘图、分析、存储、打印及远方传送。

相国寺储气库有注采井13口,方案部署监测井6口,其中相监4井为盖层监测井。该井安装的是永久电缆压力温度计,压力温度传感器位于井深2034.52m,实现了对井下温度压力的实时、连续监测(图2-3-2)。

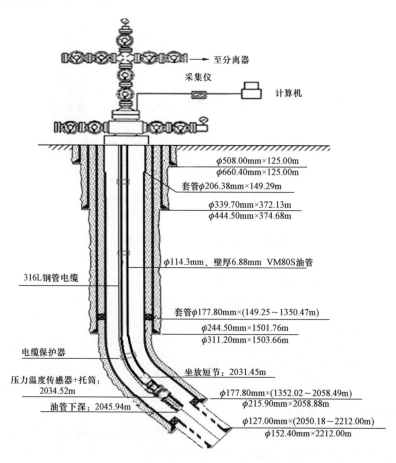

图2-3-2 相监4井电缆永久式完井管柱结构示意图

3)光纤测压装置

光纤测压的基本原理是波动光学中平行平面反射镜间的多光束干涉,利用光纤法布里腔干涉仪对微小腔长变化的敏感性感知测量外界压力变化。

光纤本身就是温度传感器,可即时得到连续温度数据,其工作原理是光在介质中传播时,由于光子与介质的相互作用,会产生多种散射,主要包括瑞利散射、布里渊散射和拉曼散射,其中拉曼散射对温度信息最为敏感。光纤中光传输的每一点都会产生拉曼散射光,并且产生的拉曼散射光均匀分布在整个空间,其中一部分重新沿光纤原路返回,称作背向拉曼散射光,被光探测单元接收。因此,可以通过判断其强度的变化实现对外部温度变化的监测。

光纤监测系统由地面部分(测温光端机、压力调制解调仪、信号采集处理系统)和井下部分(钢管封装的双芯高温光纤一体化测试光缆、光纤法布里－珀罗腔压力传感器)组成。图2－3－3为相监1井光纤监测管柱结构图。

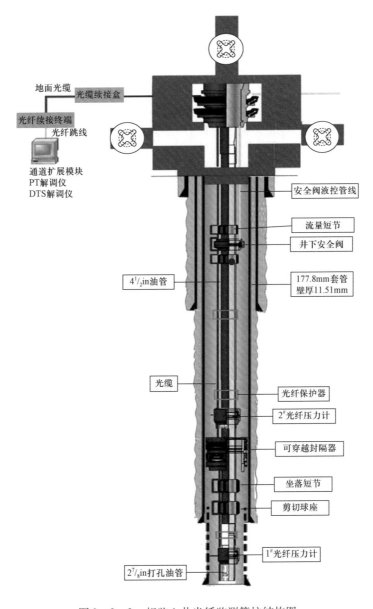

图2－3－3　相监1井光纤监测管柱结构图

测温光端机发出激光脉冲,收集光纤传感器传来的散射光,并将光强转换成温度;压力调制解调仪对干涉光谱进行处理,得出相应的压力数据。计算机收集并存储监测井温度、压力数据。一套地面设备可实现多口井的同时监测。

二、井筒气密封完整性监测

(一)国内外井筒气密封完整性监测规定

对于储气库井密封完整性监测,美国宾夕法尼亚州油气井管理局规定:

(1)储气库公司应对每个储气库制订完整性监测及检测计划。

(2)储气库井至少每5年进行一次密封完整性检测。

(3)检测内容包括地球物理测井、耐压试验,或其他批准的程序。检测结果应能反映井的完整性,观察气体泄漏量是否超过$142m^3/d$,并以此决定是否进行修井、封堵或采取其他补救措施。

(4)储气库井监测程序包括油压和套压监测、油藏工程评价剩余储量及压力、计量器具校准、现场巡查、套管检查、压力流量测试、内外财产审计等。

(5)监测收集的信息,应至少保存15年。

(6)对于不保留监测数据的观测井,应封堵或声明其处于不活跃状态。

对于储气库范围内或边缘的报废井和已封堵井,应确定其位置,检查完井管柱的密封完整性和气密封性。

(1)应在每次注气结束,储层压力达到最高时进行检查,记录是否有气体泄漏及其他危害公共安全的情况发生。

(2)气体泄漏量超过$142m^3/d$,应在24h内上报,并讨论进一步的补救措施。

国内已发布多项标准,对储气库注采井完整性监检测明确要求:

(1)SY/T 6805—2017《油气藏型地下储气库安全技术规程》中,新建注采井投产后首次进行技术检测的周期应不超过10年,含H_2S和(或)CO_2的注采井首次进行技术检测的周期应不超过5年。

(2)SY/T 7651—2021《储气库井运行管理规范》规定了井口装置和井筒完整性检测内容、首次检测周期和再检测周期等。井口装置完整性检测项目包括外观检查、壁厚检测、缺陷检测、密封性检测等,有需要时宜进行表面硬度检测,井筒完整性检测项目包括油套管腐蚀检测、固井质量检测及密封性检测。投产后5年内应对井口装置和井筒进行首次检测,再检测周期应根据上次(或首次)检测结果和生产工况确定,两次检测周期间隔不应超过10年。油套管检测评价执行SY/T 7633—2021《储气库井套管柱安全评价方法》,固井质量检测评价执行SY/T 6592—2016《固井质量评价方法》和SY/T 7451—2019《枯竭型气藏储气库钻井技术规范》。

(3)SY/T 7633—2021《储气库井套管柱安全评价方法》中规定新投产注采井套管柱的首次安全检测周期应为5年,并规定注采井后续安全监测周期不应超过前次评价结果年限且不宜超过10年,监测井后续安全监测周期不应超过前次结果年限且不宜超过12年,作为采气井适用的原有老井,后续安全检测周期不应超过前次评价结果年限且不宜超过8年。

(二)井筒气密封完整性监测要求与方式

井筒气密封完整性监测对象主要为井口装置与采气树、井下安全阀和地面控制系统、油套管和水泥环,目的是监测各对象的完整性状况。井筒气密封完整性监测方式包括常规巡检、定期技术检测、设置监测井和微地震监测等。微地震监测技术详见本章第六节。

1. 常规巡检

地下储气库注采井是高风险设施,应及时获取其动态和生产参数。注采井常规巡检监测制度为:

(1)每天一次巡查并形成记录,巡查发现泄漏等问题及时整改。巡查范围为采气树、套管头、附属设施、环空压力、井口周围至少150m范围内。

(2)每天一次监测注采井所有环空压力情况,监测记录至少保存1年,或保存到压力泄放/恢复测试或井筒完整性技术检测。

(3)每年两次对安全控制系统进行功能测试,并据测试结果进行维护保养。

(4)每年一次对采气树、油管头大四通、套管头进行检查保养,对节流阀进行拆检保养。

(5)每3~5年一次对采气树、油管头大四通、套管头做防腐蚀处理。

2. 定期技术检测

井筒密封完整性检测,主要是指使用测井仪器进行的地球物理测井技术检测,来分析油管柱、套管柱结构完整性和水泥环密封完整性,并据此进行综合分析和评价,分析与判断管柱损伤情况及环空流体积聚情况。

井筒密封完整性检测既包括对套管柱(井下及近井口)的技术检测,也包括对套管外空间、采气树和井口装置的技术检测;所使用的方法既有地球物理测井方法,也有气体动力学检测方法(环空压力评价测试)及综合分析评价。鉴于该内容主要是检测内容,将在第四章重点介绍。

3. 设置上覆浅层水监测井

井筒气密封监测可采用设置上覆浅层水监测井的方式实时监测。该方法就是通过在上覆浅层水中部署监测井(利用老井或新钻井),监测储气库运行过程中通过老井或注采井井筒各级胶结面可能产生的工程漏失,以避免污染上覆浅层水源,保护地下水源环境。上覆浅层水监测井应部署在老井集中、井况较差的区域。监测内容包括压力和温度监测、地层水烃类含量监测。

上覆浅层水监测井压力和温度监测要求包括:

(1)在井口安装压力表,连续监测井内压力变化;

(2)定期采取井筒内下入压力计的方式,测取井底压力,测量液面,并记录井口油压、套压,每半年应测取一次,每年不少于两次,可根据实际情况适当加密监测;

(3)在监测井底压力时,同时应下入温度计测取井底温度、井筒温度梯度及井口静温。

上覆浅层水监测井地层水烃类含量监测要求包括:

(1)定期下入取样器获取上覆地层水样品,利用气相色谱法或其他方法分析地层水中烃类含量变化;

（2）每半年应测取一次，每年不少于两次；

（3）可根据实际情况及时进行浅层水取样，分析烃类含量变化。

第四节　内部运行动态监测技术

内部运行动态监测包括生产动态监测，内部温度、压力及流体监测，气液界面与流体运移监测和产能监测。

一、生产动态监测

生产动态监测指注（采）气井生产参数动态监测。采气井包括油嘴，油气水产量，井口油压、套压及温度等；注气井包括注气量，压缩机压力及温度，井口油压、套压及温度等。

二、内部温度、压力及流体监测

通过在储气库储气层位中均匀合理部署监测井（利用老井或新钻井），重点监测储气库运行过程中储气库运行压力、温度，同时兼顾监测流体运移、流体性质及组分，以便及时掌握储气库运行现状，准确分析储气库运行动态。储气库内部温度、压力及流体监测井应均匀合理部署，主要部署在高渗透区、流体运移主要方向，同时应兼顾高中低部位监测井的合理配置。监测内容包括压力和温度监测、流体组分及性质监测等。

压力和温度监测要求包括：

（1）下入毛细管压力监测系统，每天现场测取压力一次；

（2）井筒内定期下入高精度存储式电子压力计，测取地层压力、井筒压力梯度，测量液面，并记录井口油压、套压，每月应测取一次，每年不少于十二次，可根据生产需要适当加密监测；

（3）对于重点监测井，应采用井下永置式压力计连续实测压力；

（4）在监测地层压力时，应同时下入温度计测取地层温度、井筒温度梯度及井口静温；

（5）可根据实际情况适当加密监测。

流体组分及性质监测要求包括：

（1）流体组分包括天然气、凝析油及水等，应定期进行系统化永久性监测；

（2）定期取天然气样品，进行天然气常规物性及全组分分析，注气阶段每两个月可测取一次，采气阶段至少每月测取一次，必要时可进行高压物性分析及加密取样；

（3）定期取水样，进行水常规分析，采气阶段应至少每个月测取一次，必要时还可加密取样分析；

（4）对于产凝析油的储气库，定期取凝析油样品，进行常规物性分析，可根据实际情况取样分析及进行高压物性分析。

三、气液界面与流体运移监测

通过在储气库外围和内部合理部署监测井（利用老井或新钻井），监测储气库运行过程中流体运移及气液界面变化情况,及时掌握储气库运行现状,储气库内部温度、压力及流体监测井也可同时用于监测储气库流体运移。储气库气液界面及流体运移监测井应部署在流体运移主要方向及气液界面附近,主要考虑在气藏顶部、过渡带及周边监测。监测内容包括压力和温度监测、气液界面监测、示踪剂(放射性气体)监测和流体性质及组分监测等。

压力和温度监测要求包括:

(1)下入毛细管压力监测系统,每天现场测取压力一次;

(2)井筒内定期下入高精度存储式电子压力计,测取地层压力,每两个月应测取一次,每年不少于六次;

(3)在监测井底压力时,同时应下入温度计测取地层温度、井筒温度梯度及井口静温。

气液界面监测要求包括:

(1)定期下入气液界面仪,测试气液界面;

(2)在注采转换期应测取一次,每年不少于两次,可适当加密监测。

示踪剂(放射性气体)监测应首先选择示踪剂(放射性气体),并在注气井中持续注入示踪剂,同时应定期检测地层流体中示踪剂(放射性气体)含量。

流体性质及组分监测要求包括:

(1)定期取天然气样品,进行天然气常规物性及全组分分析,必要时可进行高压物性分析及加密取样;

(2)在注采转换期至少应测取一次,每年不少于两次,可适当加密监测。

四、产能监测

分区分层选取代表井在不同注(采)气阶段进行系统试井和不稳定试井,2~3个周期需完成全部井轮换测试,获取单井产能、有效渗透率、地层压力、井完善系数、地层连通性及地层边界性质等,分析井多周期注采气能力变化。对于多层合采合注情形,需开展注气剖面测井,了解单层吸气状况;对于采气剖面测井,分析单层产气状况和产出流体组分等。

第五节　地面设施监测技术

为确保地面设施的完整性和安全运行,地面设施监测包括地面腐蚀监测、管道压力监测和地面泄漏监测等。

开展腐蚀监测是有效的井口完整性确认和监测方法,常用的腐蚀监测方法包括管道腐蚀/冲蚀监测方法(如腐蚀挂片法、声学传感装置、腐蚀探针、砂探针等)以及电阻探针腐蚀监测技术等。

与储气库管道压力管理和监测有关的设备设施包括但不限于:(1)压力控制阀;(2)泄压阀和紧急关闭系统(ESD);(3)校准的自重压力计;(4)校准的数字和模拟压力表;(5)温度补偿压力传感器;(6)止回阀。电子数据监测系统或SCADA系统可用于对储气设施处理流程进行实时监测和控制。

电子数据监测系统可用于实时监测和控制气体的注入和采出过程。这可能包括对系统压力、流量和关闭能力的监测和控制,在某些储气库中,还可能包括对单井压力和流量的控制能力。ESD 系统应该被集成到整个电子数据监控系统或 SCADA 系统中。SCADA 控制中还应包括听觉和视觉警报,以对系统故障和异常运行条件进行提醒。应定期测试电子数据监控系统或 SCADA 系统的功能和安全组件,以确保所有的仪器均经过了合理的校准,并按照设计能力运行,且所有警报装置功能正常,整个系统能够按预期应对紧急情况。应根据监管要求和(或)运营商程序,对系统的所有组件进行测试,并记录测试结果。

储气库运营商应实时监测储气设施的运行压力,以评估设施性能和监测系统完整性。这包括制定和实施日常监测、记录和分析单井油管和环空压力的程序。压力读数可以手动获取和记录,也可以通过电子数据监控系统或 SCADA 系统自动读取。监测的频率和类型应该基于现场的具体情况和风险评估中识别的潜在威胁和危害。但无论何种情况,都应至少对压力进行日常监测,并做好记录。

在泄漏检测和修复中,经常采用主动检漏程序,通过利用各种技术检测泄漏情况,制订修理或监测计划,然后进行修复。近年来,地面泄漏监测技术发展迅速,允许进行可靠和低成本的短距离连续探测。不同的地面泄漏检测技术可以同时使用,一些专门用于检测,其他的用于定位(便于维修)。譬如,光学气体成像技术,采用光学摄像机对井场的泄漏情况进行测量,这是一种红外相机,可以通过过滤光线而突出显示逸出气体中的甲烷;远程泄漏检测,使用激光吸收仪器进行远程泄漏检测,激光仪器可以快速扫描组件,识别一个小区域的泄漏,然后利用光学气体成像设备对泄漏源进行定位;泄漏定量检测,采用高流量仪器,适用于井场的大部分泄漏情况。

第六节　储气库微地震监测技术

一、储气库微地震监测发展现状

(一)微地震监测技术发展历程

微地震监测(Microseismic Monitoring 或 Microearthquake Monitoring),是指通过利用在岩体施工、土木建设、地热开发、油藏水力压裂、注水、注气或油气开采过程中由于引起地下应力场变化而导致岩石破裂产生地震波,对岩石破裂点进行裂缝成像,从而对岩体性质或油气储层流体运移进行监测的方法,该方法的基础是声发射学与地震学。由于微地震监测中所要确定的几种因素,如震源位置、强度、发震时刻都是未知的,与常规地震勘探有很大的不同,在选择方法上主要借鉴天然地震学的一些方法和思路。

国外微地震监测起步较早,在石油工业开发初期便开始了相关研究。经过 70 年的发展,微地震监测技术日趋完善,已成为油气田开发中一项重要的辅助技术[1]。20 世纪 40 年代,美国矿业局首先提出用微地震监测法监测冲击地压,以减少其对矿井的严重危害。但当时由于监测仪器的限制,监测系统精度不够,微地震监测技术发展缓慢,尚处在理论阶段。进入 90 年代以来,信号处理技术和数字化技术的飞速发展推动了地球物理学的进展。得益于仪器设备的数字化,相关仪器精度大幅提高,使微地震监测技术由理论走向实践。实践证明,微地震监测技术可广泛应用于岩石工程各个领域。几年前国外一些机构做了大量试验,用以证实微地震监测技术在石油工程、桥梁大坝、地热水力压裂、核污染处理等领域的有效性。1997 年,在美国棉花谷地区(得克萨斯州东部)进行了一次全面的、深入的微地震成像试验。现场试验中发现,微地震成像技术在分辨率、覆盖范围、经济效益、操作便捷方面较其他技术有着明显优势。试验的成功,证明微地震成像技术潜力巨大,在油气勘探开发领域有很大的实用价值。在Young 教授的领导下,英国 Keele 大学应用实验室致力于基于岩石力学的微地震技术研究。他们的研究内容主要包含震源力学、微地震成像与岩石力学三个方面。通过研究,可得出岩石在温度、压力等外部条件发生变化时裂缝发育机理,用以监测岩石的破裂过程。加拿大金斯敦工程地震组织 ESG 致力于工程地震的现场应用。他们主要是进行岩石地下工程微地震系统构建,微地震信号采集、处理及分析等应用研究。该组织自行研制的软件可用于微地震震源的定位,效果良好。在矿石开采及其他的生产活动会诱发微地震,1992 年起澳大利亚研究机构CSIRO 对此现象开展研究。研究发现,在矿石开采过程中微地震往往发生在岩层有缺陷的地方,从而激活断层。这些微地震活动具有规律化趋势,整体上互相影响,在距开采层数百米的地方也探测到有微地震发生。随着科学技术的进步,仪器的数字化发展、精度的提高都引起了当地部门的注意。1992 年起的十个月里,CSIRO 的研究人员针对艾尔贝斯地区的矿石开采实施了微地震监测,采用了布网的方式。通过对检波器接收到的微地震记录进行分析研究并对其进行处理和初步解释,令研究人员深信,微地震活动可以现场成功监测并进行研究。近十年来,该研究机构已经在十几个矿区开展了微地震监测试验。通过大量试验积累的经验是一笔宝贵财富,为微地震监测的进一步发展做了良好的技术储备。

微地震监测技术在国外迅猛发展,也引起了国内的重视。得益于国外微地震监测技术和理论的进展,国内微地震监测起步晚但起点高,近年来不少生产单位和科研机构都参与到该领域中。在微地震监测的很多方面,我国进展飞速,理论和实践都得以快速发展,为我国的油气开发做出了越来越大的贡献。2002 年,华北油田利用微地震监测技术对 4 口井进行了注水监测,监测结果和生产实际相符,为华北油田的滚动开发做出了重要贡献。在压裂工程实践中,布设井位、压裂效果评价需要了解裂缝情况。水力压裂产生的裂缝很复杂,确定其形态和延伸情况一直是一个重要课题。长庆油田采用微地震监测技术解决这个问题,收到了较好的效果。此外,在大庆油田和中原油田的油气开发实践中,微地震监测技术也得到了重要应用。

2009 年开始,中国石油集团东方地球物理勘探有限责任公司(以下简称东方物探)投入专项资金,积极开展压裂微地震监测技术研究,微地震监测技术水平得到快速提升[2]。在中国石油天然气集团公司的支持下,中国石油勘探开发研究院廊坊分院和东方物探合作进行了针对油气井水力压裂的微地震监测技术攻关。通过攻关实现了井中和地面微地震实时监测技术突破,研发了具有自主知识产权的专用软件[3]。

(二)微地震监测技术在储气库中的应用

近年来,随着微地震技术的快速发展,微地震监测技术不再受到计算速度和存储内存的限制,观测方式也越来越趋向于长期动态监测。长时间的数据采集,得到了海量数据,更有利于问题的分析和解决。近年来,长期动态监测技术使用范围也越来越广,在油藏生产动态、矿场灾害预防、地热开采、CO_2 及核废料封存、储气库安全运行及油田废水回注等项目中得到广泛应用。

国外微地震监测技术在储气库中的应用较早。1992 年,法国马诺斯克盐穴储气库便开始进行微地震长期动态监测,观测系统由 7 个固定在浅井(深度约 45m)中的三分量检波器组成。检波器之间的距离约为 700m(目的层深度在 300 ~ 1500m 之间),目的是在均匀覆盖储气库区域的同时尽量减少检波器的数量。对盐穴储气库造腔和注采过程进行监测,监测过程中利用微地震监测确认小型事件并对产生"异常"事件的操作进行警告来控制造腔过程。1992—2013 年,储气库范围内定位到 10000 多个诱发微地震事件(震级 −1 ~ 0.3 级)。这些事件中大约有 90% 与溶腔过程有关。除了诱发地震外,还有大约 1000 个与盐体动力现象有关的事件(震级最高达到 3.5 级)被定位在底辟构造附近。

Bergermeer 是一个位于荷兰西北部的天然气田,1970—2007 年进行生产,后来被改造成一个地下天然气储气库。生产期间曾诱发了两次震级在 3.0 ~ 3.5 之间的地震(1994 年和 2001年)。建立储气库的一个重要方面是为了缓解进一步的诱发地震。一个垂直地下检波器排列被布设在储层深度处(2km)来监测微地震活动。该排列由 6 个间距 10m 的三分量检波器组成。从开始监测到 2013 年 1 月的两年半时间里,共定位震级在 −3 ~ −2 级之间的微地震事件超过 220 个。通过微地震监测证实了天然气注入对中间断层的稳定效应,并发现了一个之前三维地震无法识别的气流挡板和小断层。

在储气库长期运行过程中,注采交变应力产生的微地震事件及其应力应变强度可利用微地震技术进行监测与表征,对盖层突破、断层滑移和流体泄漏等地质体密封性失效风险实现实时预警,从而为储气库生产运行管理提供决策依据。

二、储气库微地震监测技术原理

(一)储气库微地震信号正演模拟

1. 概述

发展高效高精度的微地震定位与震源机制反演方法必须建立在对微地震波传播清晰掌握的基础上,而解决这个问题最佳的切入点就是对微地震正问题的研究。微地震也是利用地震波在地下传播携带的地下介质信息获取地下参数的,与常规地震勘探最大的区别在于微地震利用的是介质内部岩体错动或拉张所产生的地震波,属于被动源勘探,微地震监测中微地震源的位置、发震时刻、震源强度都是未知的,大大增加了微地震资料处理和反演的难度。数值模拟方法是一种研究波传播的有效途径,通过数值模拟可以直观了解地震波由激发到接收过程中的传播方式、规律和特点,能够正确分析叠加区的多波信息,认识它们的特点,能够更好地认识 P 波、S 波的三分量特点,从而指导后续的处理和反演。因此,为了更好地研究微地震正问题,对微地震的数值模拟技术的研究也显得势在必行[4]。

2. 基本理论

三维各向同性弹性介质中波传播的一阶速度—应力方程可描述为:

$$\begin{cases} \dfrac{\partial v_x}{\partial t} = \dfrac{1}{\rho}\left(\dfrac{\sigma_{xx}}{\partial x} + \dfrac{\sigma_{xy}}{\partial y} + \dfrac{\sigma_{xz}}{\partial z} + f_x\right) \\[2mm] \dfrac{\partial v_y}{\partial t} = \dfrac{1}{\rho}\left(\dfrac{\sigma_{yx}}{\partial x} + \dfrac{\sigma_{yy}}{\partial y} + \dfrac{\sigma_{yz}}{\partial z} + f_y\right) \\[2mm] \dfrac{\partial v_z}{\partial t} = \dfrac{1}{\rho}\left(\dfrac{\sigma_{zx}}{\partial x} + \dfrac{\sigma_{zy}}{\partial y} + \dfrac{\sigma_{zz}}{\partial z} + f_z\right) \\[2mm] \dfrac{\partial \sigma_{xx}}{\partial t} = (\lambda + 2\mu)\dfrac{\partial v_x}{\partial x} + \lambda\dfrac{\partial v_y}{\partial y} + \lambda\dfrac{\partial v_z}{\partial z} \\[2mm] \dfrac{\partial \sigma_{yy}}{\partial t} = \lambda\dfrac{\partial v_x}{\partial x} + (\lambda + 2\mu)\dfrac{\partial v_y}{\partial y} + \lambda\dfrac{\partial v_z}{\partial z} \\[2mm] \dfrac{\partial \sigma_{zz}}{\partial t} = \lambda\dfrac{\partial v_x}{\partial x} + \lambda\dfrac{\partial v_y}{\partial y} + (\lambda + 2\mu)\dfrac{\partial v_z}{\partial z} \\[2mm] \dfrac{\partial \sigma_{xy}}{\partial t} = \mu\left(\dfrac{\partial v_x}{\partial y} + \dfrac{\partial v_y}{\partial x}\right) \\[2mm] \dfrac{\partial \sigma_{yz}}{\partial t} = \mu\left(\dfrac{\partial v_y}{\partial z} + \dfrac{\partial v_z}{\partial y}\right) \\[2mm] \dfrac{\partial \sigma_{xz}}{\partial t} = \mu\left(\dfrac{\partial v_x}{\partial z} + \dfrac{\partial v_z}{\partial x}\right) \end{cases} \tag{2-6-1}$$

式中　v_x, v_y, v_z——速度分量,m/s;

$\sigma_{xx}, \sigma_{xy}, \sigma_{xz}, \sigma_{yy}, \sigma_{yz}, \sigma_{zz}$——应力分量,Pa;

f_x, f_y, f_z——体力分量,N;

ρ——密度,kg/m^3;

λ, μ——拉梅常数。

在天然地震和微地震中,震源并不是来自外界的体力,而是内力,且介质内部应该满足动量守恒,因此需要利用力偶对来描述等效的体力,从而得到利用矩张量表达的弹性波方程。在广义矩张量的形式中,每个分量代表一个体力项加载到每个单独的速度分量。源的矩张量可以表示为:

$$\boldsymbol{M} = \begin{bmatrix} m_{xx} & m_{xy} & m_{xz} \\ m_{yx} & m_{yy} & m_{yz} \\ m_{zx} & m_{zy} & m_{zz} \end{bmatrix} \tag{2-6-2}$$

式中　$m_{xx}, m_{xy}, m_{xz}, m_{yx}, m_{yy}, m_{yz}, m_{zx}, m_{zy}, m_{zz}$——矩张量分量。

图2-6-1展示了矩张量中各分量所代表的物理意义,从矩张量的定义可以看出,其在定义中利用的是体力和距离的关系,而这就已经包含体力的概念,只需要在数值模拟中按照矩张量中各分量大小依次施加相应体力值,就可直接数值求解波动方程[式(2-6-1)]。

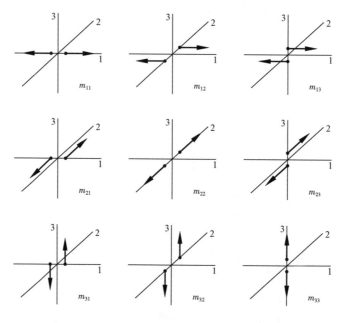

图 2 - 6 - 1　矩张量中各分量的定义示意图

在交错网格有限差分法中，地震矩张量可以表示为分布在网格位置（$x = ih$，$y = jh$，$z = kh$）上的一对体力（h 为网格距）。在分析中，首先考虑在 x 方向的体力 f_x，与它相关的三个矩张量分量分别是 $m_{xx}(t)$、$m_{xy}(t)$ 和 $m_{xz}(t)$，它们可以表示为：

$$\begin{cases} f_{x_{i+1/2,j,k}} = \dfrac{m_{xx}(t)}{h^4} & f_{x_{i-1/2,j,k}} = \dfrac{-m_{xx}(t)}{h^4} \\[2mm] f_{x_{i-1/2,j+1,k}} = \dfrac{m_{xy}(t)}{4h^4} & f_{x_{i+1/2,j+1,k}} = \dfrac{m_{xy}(t)}{4h^4} \\[2mm] f_{x_{i-1/2,j-1,k}} = \dfrac{-m_{xy}(t)}{4h^4} & f_{x_{i+1/2,j-1,k}} = \dfrac{-m_{xy}(t)}{4h^4} \\[2mm] f_{x_{i-1/2,j,k+1}} = \dfrac{m_{xz}(t)}{4h^4} & f_{x_{i+1/2,j,k+1}} = \dfrac{m_{xz}(t)}{4h^4} \\[2mm] f_{x_{i-1/2,j,k-1}} = \dfrac{-m_{xz}(t)}{4h^4} & f_{x_{i+1/2,j,k-1}} = \dfrac{-m_{xz}(t)}{4h^4} \end{cases} \qquad (2-6-3)$$

式中　m_{xx}，m_{xy}，m_{xz}——矩张量分量；

　　　h——网格距，m。

在 y 方向的体力 f_y 和 z 方向的体力 f_z 满足类似的形式。另外，相邻的两对体力偶必须做平均处理，以确保所有的源都集中在相应的位置上。

3. 储气库微地震模拟实例

这里用波动方程法对典型模型进行了储气库微地震模拟研究，来考察在不同微地震震源激发条件下,储气库井中检波器接收的微地震信号的不同特征。

考虑一个三维均匀介质模型,尺寸为 $1000m \times 1000m \times 1000m$,其中纵波速度为 $3600m/s$,横波速度为 $2100m/s$,介质密度为 $2300g/m^3$,震源位于 $(600m, 600m, 400m)$ 位置。监测井地面位置为 $(500m, 500m)$,井中从 150m 到 260m 共布设 12 级检波器,检波器间距为 10m。图 $2-6-2$ 为均匀介质模型的三维视图和侧视图。

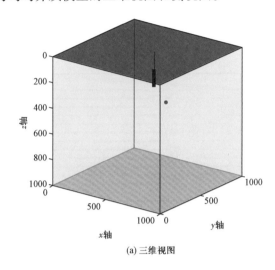

(a) 三维视图

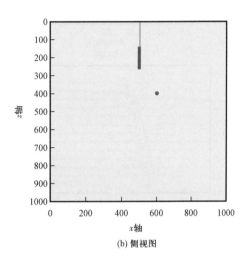

(b) 侧视图

图 $2-6-2$　均匀介质模型的三维视图和侧视图

模拟中考虑了 4 种不同的微地震震源激发条件,分别为纯胀缩源(ISO 源)、双力偶源(DC源)、补偿线性矢量极偶源(CLVD 源)和混合源(COMBO 源)。其中,混合源包含 50% 的 DC源、30% 的 CLVD 源和 20% 的 ISO 源。表 $2-6-1$ 为 4 种源的矩张量形式。

表 $2-6-1$　4 种不同源的矩张量形式

矩张量分量 震源	m_{xx}	m_{yy}	m_{zz}	m_{xy}	m_{xz}	m_{yz}
ISO 源	1	1	1	0	0	0
DC 源	0	0	1	-1	0	0
CLVD 源	1	1	-2	0	0	0
COMBO 源	1.7741	-1.4193	1.7741	1.7741	0	0

图 $2-6-3$ 和图 $2-6-4$ 分别展示了在 4 种震源条件下井中检波器接收到的微地震信号波形记录和相同时刻的波场快照对比。图 $2-6-3$ 中不同颜色线条表示 x、y 和 z 分量,十字和圆形标记分别代表理论 P 波和 S 波初至位置。图 $2-6-4$ 中蓝色和红色标记分别代表检波器和震源位置。可以看出,对于 ISO 源,激发的地震波主要是 P 波,S 波的能量很弱;DC 源是垂直断层的水平错动,是一种纯剪切源,因此 P 波能量很弱,S 波能量占据主导位置;而对于CLVD 源,S 波能量占据主导位置,但是 P 波能量要强于 DC 源的情况;对于 COMBO 源,由于拉伸和剪切作用同时存在,P 波和 S 波能量差别不大,波形均很明显。

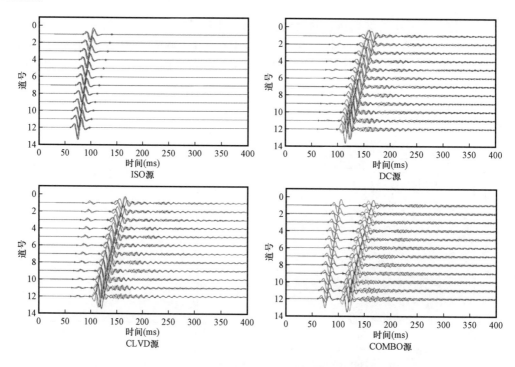

图2-6-3　4种震源地震信号波形记录对比

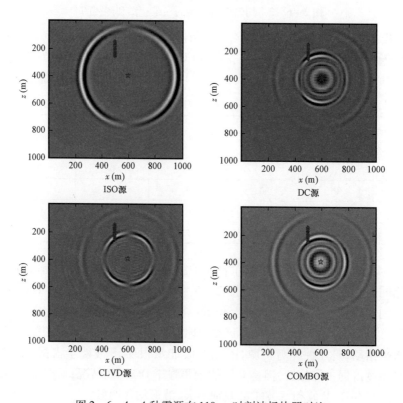

图2-6-4　4种震源在110ms时刻波场快照对比

通过对储气库不同类型震源微地震信号的模拟,可以看出震源类型对于地震波的振幅和相位具有显著影响。此外,不同的激发源也导致了地震波相位的变化,而相应的纵波和横波的运动关系是不变的。总结归纳这些波的特征,可以帮助识别储气库岩石破裂类型,从而指导微地震的监控工作。

(二)储气库微地震观测系统论证分析

1. 不同排列方式对储气库监测效果分析

微地震数据采集方法取决于微地震的特点、检波器的性能和特色处理技术。2000年以前,不同学者通过研究试验,确定微地震监测的方式应为井下监测,这是有一定原因的,由于当时检波器的性能还不高,处理技术对地面随机噪声还不能有效地进行压制。2000年以来,由于井中观测要占用宝贵的井资源,井下设备成本高、风险大等因素,并随着检波器性能的提高和处理技术的进步,地面监测微地震活动重新受到服务企业的青睐。根据周围介质的运动状态,微地震数据的采集可以分为井中监测、地面排列监测和地面埋置长期观测。这三种采集方法各有其优势[5]。

1)井中监测

井中监测主要取决于微地震的能量,仪器主要是井下三分量检波器,如图2-6-5所示。近十年来,井下检波器的性能虽已明显提高,但由于微地震能量太小,检波器能可靠探测到微地震的有效半径依然有限。油气开采诱生微地震能量强些,最远传播距离达2km。

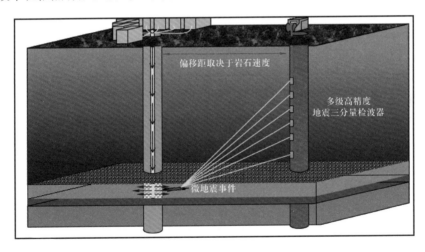

偏移距取决于岩石速度

多级高精度
地震三分量检波器

微地震事件

图2-6-5 井中监测示意图

实例分析表明,检波器可靠检测到微地震的最远距离(或称检波器检测半径)与岩性无明显相关性,而与注入流体能量关系较密切。因此,在微地震监测设计时,检波器可靠检测到微地震的最远距离对监测井位的选择是很重要的。井下监测时,检波器放入井中,可以单井或多井同时监测,从而躲避了地面大量的随机噪声,其信噪比高,可以看到P波和S波的到达。

2)地面排列监测

地面排列监测的兴起,受益于检波器性能的提高和处理方法的进步。由于微地震能量弱,传到地面时基本淹没于地面噪声中,需要远离井口一定距离以尽量避开井口强噪声的影响,其布列方式采用放射状和地面阵列的形式。需要的仪器为单分量的地面检波器或三分量地震授时仪。图2-6-6为美国Microseismic公司地面阵列采集示意图。

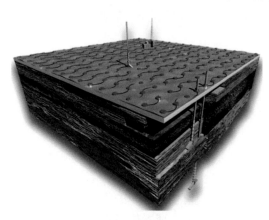

图2-6-6 美国Microseismic公司地面阵列
采集示意图

在监测段上方地表埋置数十个GPS授时台站(地面散点监测)或几千道地面检波器(地面大排列监测),采用无线或有线地震仪器接收监测施工产生的破裂信号反演定位微地震形成的微小裂缝。根据监测方式不同,其又可分为放射状监测、矩形监测、散点监测、片状(Patchs)监测、多浅井监测等。

地面排列监测由于不受采集平面方位角的限制,与井中监测相比,可以更准确地确定裂缝的走向;放置数量较多的检波器可以得到更大的监测范围。同时,由于需要地面数千道检波器和采集站等配套采集设备,投入的设备和人员很多,采集成本巨大;检波器放置在地面受地表干扰严重;连续记录采集的数据量庞大,实时处理难度较大。

微地震地面监测采集设计必须合理有效,充分考虑信号接收方式、噪声类型、微地震事件可能的发生空间位置;同时,观测方式还应随着周围地质构造的变化而改变,观测系统的优选设计直接关系到微地震监测的可靠性。

3)地面埋置长期观测

地面埋置长期观测也是在地面观测,三分量检波器被埋置在某一深度以避开地面随机噪声的影响。这种方式适合于对大范围的储气库进行长期的动态监测。其规模要大些,总成本也高,但考虑到长期效益,是最理想的监测方式,平均成本是最低的。

微地震观测系统论证分析是微地震数据采集的一个重要环节,最优观测系统不仅可以采集到高质量信号、提高定位精度、节约成本、降低消耗,还可以减少现场处理时间,保证微地震技术的实时性。然而,在野外生产中,由于实际地质条件复杂,经常会遇到各种各样的实际问题。因此,采集施工前期对观测系统进行模拟论证至关重要。

2. 储气库监测系统论证方法研究

一个微地震事件能否被监测到,除与微地震破裂能量、破裂类型有关外,还与信号从破裂点到监测仪器传播距离以及所经历的地层速度、密度、吸收系数等参数有关。微地震事件能量大小可以用矩震级表示,计算公式如下:

$$M_w = \frac{2}{3} \lg M_0 - 6.1 \qquad (2-6-4)$$

$$M_0 = \frac{4\pi\rho v_c^2 r \Omega_0}{R_c} \qquad (2-6-5)$$

式中　M_w——矩震级,N·m;

　　　M_0——地震矩,N·m;

ρ——地层密度，kg/m^3；

v_c——地层速度，m/s；

r——震源到检波器的距离，m；

Ω_0——低频平台，Hz；

$\overline{R_c}$——震源辐射模式；

c——地震波位项（P 波或 S 波）。

当震源机制未知时，$\overline{R_c}$通常用平均辐射模式系数$F_P = 0.52$，$F_S = 0.63$。另外，地震矩还与压力降和拐角频率有关，具体如下：

$$M_0 = \frac{\Delta\sigma K_c^3 v_S^3}{3.5\pi^3 f_c^3} \qquad (2-6-6)$$

式中 f_c——拐角频率，Hz；

$\Delta\sigma$——压力降，Pa；

v_S——震源处 S 波速度，m/s；

K_c——与模型有关的常数。

根据以上理论，在微地震监测前期，已知工区地质参数，可求得在监测范围内每一点可监测到的最小震级，来评判不同监测系统监测能力，寻求最优监测系统，以增强微地震信号降低成本消耗，并且增加微地震信号定位精度[6]。

（三）储气库微地震信号处理方法研究

由数据采集得到的数据一般是连续的波形记录，即各种震动的时间序列。为了尽可能多地获得有效微地震事件并对其进行定位，首先必须建立速度模型，并通过射孔定位或其他辅助放炮的方式对速度模型进行校准，同时也对检波器重新定向，以便后续极化分析判断波传播方向。对于井中监测，初至拾取是所有后续处理的基础，在此基础上可以通过极化分析获得波传播方向，结合初至信息就可以实现微地震事件的定位。对于地面排列监测，则有多种处理思路可供选择，一种是和井中监测类似的基于初至拾取的处理流程，另一种是基于能量叠加或偏移归位的处理流程。当然，为了提高事件拾取的效率和精度，一般还要进行事件筛选、去噪处理和球面扩散补偿等，对于地面监测还牵涉静校正处理。下面对数据处理的主要步骤进行阐述。

1. 采集信号背景噪声压制及提高信噪比方法

微地震事件定位及最终结果解释都要以一定信噪比作为基础。实际生产中记录的微地震资料无可避免地要受到噪声影响。对于井中监测，放置在几千米深的井中检波器也能接收到各种干扰噪声，既有地表的干扰噪声振动沿监测井壁传入检波器，也有检波器与套管产生的谐振影响，远场储层岩石的静应力释放产生的振动干扰。地面监测则面临地面人工活动造成的强干扰和各种自然、人工干扰。同时，储气库所产生的岩石破裂微地震通常能量要小，伴之而来的是很低的信噪比。

微地震资料去除噪声关键是识别出哪些是噪声，哪些是有效信号。有效波和噪声的主要区别为频率、视速度、区域统计等差异。根据这些差异，对于不同类型的噪声，需要采取的压制方法也就不同。如果噪声是规则噪声,则就可以采用 FK 滤波[7]的方法进行压制;如果噪声是不规则噪声,根据噪声的频率域特征,通过频率域滤波[8]就可以有效去除。当噪声具有一定的随机性时,可以忽略噪声特点而讨论有效信号,根据它们的相关性特点,采用多道拟合的方法来压制噪声[9]。常规去噪过程一般包括直流干扰压制、单频干扰压制、井筒波压制、强脉冲干扰压制等。图 2-6-7(a)为金坛储气库监测过程中典型的微地震信号,信号较清晰但是受到低频干扰,影响定位误差。图 2-6-7(b)为带通滤波后的微地震事件图,滤掉低频干扰后,起跳更加清晰,方便微地震信号初至自动拾取,提高定位精度。

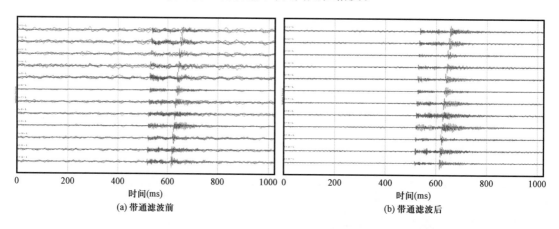

(a) 带通滤波前　　　　　　　　　　　　　(b) 带通滤波后

图 2-6-7　带通滤波前后微地震数据信号

2. 微地震信号识别方法

一个典型的微地震有效事件中通常包含着直达 P 波或者 S 波,又或者两者都有。它们可以人工地识别出来并进行初至拾取,然而在实际生产中,一个微地震项目往往要记录几小时、几天甚至是几个月的数据。为了提高处理效率,需要对原始数据进行筛选,得到含微地震的记录。

微地震有效事件的自动识别与地震波初至拾取一样,都是利用有效地震波与背景噪声的差异来实现的。这些差异包括未经滤波处理的能量(或振幅)、频率、偏振特性、功率谱一级统计特性等。在利用多道数据的情况下,还可以考虑相邻道之间波形的相关性与走时关系。在天然地震初至识别研究中,针对单分量数据与多分量数据出现了多种不同的识别地震信号与拾取初至的方法,如图 2-6-8 所示。

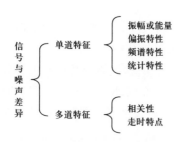

图 2-6-8　微地震有效信号与
噪声差异

经过十几年的研究,微地震监测中发展了很多关于事件检测和到时拾取的方法。到目前提出的识别方法有能量比法[10]、AIC 算法[11]、神经网络法、分形分维法[12]、极化分析法及卡尔曼估计[13]等方法。比较常用的方法是用时窗能量比值法筛选出微地震事件。其理论基础为在一定信噪比条件下,微地震记录在事件初至出现前后在能量上会出现比较明显的区别。对于地面压裂监测,则可以利用射孔记录初至进行拉平后的叠加记录来快速判断和拾取有效的微地震事件。

3. 微地震事件定位方法研究

微地震监测中发展了很多关于事件定位的方法。常用的方法有双差算法[14]、Geiger算法、纵横波时差法、网格搜索法[15]等方法。同比而言,同波形时差法要求较高,采样间隔为0.25ms,导致精度不足以识别同波形之间的初至差异,虽然过程比较简单,但是最后的误差较大。相比而言,纵横波时差法的精度要求就低多了,0.25ms的采样间隔足够分辨震源的位置和方位角,可以较好地得出最后的计算结果。在声发射源定位中常用的单纯形法和Geiger算法都是迭代算法,需要人为设定初始值,而初始值的选取直接关系到优化算法的收敛速度和定位结果。为了提高系统的定位精度和算法的收敛速度,可以利用最小二乘算法的估计特性,进行基于最小二乘法的Geiger优化迭代定位(组合算法),能够有效地解决迭代法的初始值问题,保证算法的收敛以及提高迭代算法的收敛速度。

图2-6-9为震源定位模型测试。采用一个10组的检波器组合,坐标分别为(150,20.0,2000)、(150.6,21.43,2010)、(151.22,23.34,2020)、(151.93,24.05,2030)、(152.64,25.02,2040)、(153.41,26.33,2050)、(154.35,27.80,2060)、(155.31,28.15,2070)、(156.72,29.44,2080)、(158.37,30.00,2090)。检波器接收到的初至时刻分别为0.0518812,0.0508293,0.0500142,0.0493823,0.0489865,0.0488588,0.0490292,0.0493653,0.0501314,0.0511410。已知震源的实际位置坐标为(10,0,2065),波速为3000m/s。采用组合算法求解震源位置,得到(10,0,2065)。实际震源、计算所得震源与检波器之间的空间位置关系如图2-6-9所示。

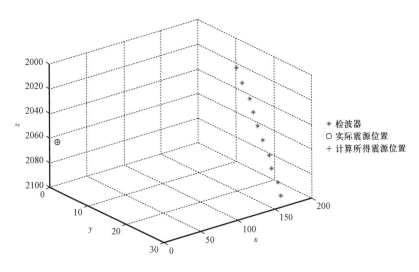

图2-6-9 时差法求解震源位置

(四)储气库微地震成果解释方法研究

对微地震事件处理可以得到微地震事件的源位置信息和震级等参数,而如何对这些结果进行分析,直接用于指导注采气施工工程,则是解释的范畴。微地震监测的解释涉及多学科的联合研究[16-18]。

1. 不同信号特征的微地震信号综合分析研究

与三维地震相同,微地震事件同样具有属性概念,不同微地震信号所携带的微地震属性并不相同,即不同微地震信号,其发生时间、震源位置、震级大小等参数并不相同。通过这些参数信息可对微地震何时发生、发生规律等进行分析研究,判断微地震信号对储气库安全危害级别,调整储气库施工过程减少微地震信号发生,保障储气库安全运行。

1)微地震时间属性

通过对微地震事件进行反演可得到震源发生时间,根据时间属性可以了解微地震事件发生顺序及事件扩展情况。将其与储气库施工情况进行结合分析,还可判断微地震事件与储气库施工情况是否相关。若微地震事件受储气库施工影响产生且对储气库安全存在隐患,则可指导调整储气库施工情况,减少微地震信号发生频率,保证储气库安全运行。

2)微地震震级属性

震级为微地震属性的一个重要参数,表示微地震事件发生能量的强弱。可通过震级大小、位置来判断微地震事件对腔体的危害程度,还可根据统计规律来定性分析微地震事件类型。b 值估计来源于经典地震学。这个方法的基础来源于以下事实:任何一个地震序列的事件发生频率和它们的震级都不是完全杂乱无章、无迹可寻的;与之相反,它们遵循着一个幂定律关系。任何一个地震序列的频率—震级关系可以用式(2-6-7)写出:

$$\lg N_M = a - bM \tag{2-6-7}$$

式中 M——震级,N·m;

N_M——大于震级 M 的事件数;

a,b——常数。

b 值是 $\lg N_M$ 与 M 交会图的线性拟合斜率。检测阈值造成的采样过疏对于较小的 M 值具有负的曲率,由此形成的线性突变称为绝对最小震级 M_c。在较大 M 值区域也存在着线性扰动,这是由于有限监测时间不能正确采样,发生频率小得多的大能量事件。大多数情况下,M_c 可以通过 Wyss 提到的最大曲率方法得到。当最大曲率方法不起作用时,可以使用人工的曲率拟合的方法计算出 b 值。

一些学者提出 $b=1$ 为通常地震对应的普遍常量。但是 Schorlemmer Gulia 指出,断层/裂缝机制可以影响 b 值。他们得出结论:正断层要比走向滑移断层 b 值大,走向滑移断层又要比逆断层 b 值大。较大的 b 值对应着较低的应力状态。b 值可能与垂直应力与水平应力的差成一定比例,因为正断层相对逆断层来说比较容易发生在较低的水平应力下。近年来,b 值分析被应用到微地震监测及描述破裂过程中来。研究显示,人为活动相关事件对应 b 值大约为 2,相关断层事件的 b 值大约为 1。

他们的研究结果可以总结为使用选取时段的微地震事件震级值来决定这些事件的 b 值,以及确定微地震事件是触发的还是诱发的是可行的。也就是说,可以实时区别出压裂相关事件与断层相关事件。b 值高于 1.2 的微地震云是诱发的,而不是构造的,更高的 b 值对应更低的应力。此外,b 值估计可以帮助确定那些裂缝开启或者闭合的区域。b 值的增加意味着裂缝开启,下降对应着裂缝闭合。使用微地震实时监测的这种计算可以避免触发大的地震,识别出触发微地震事件(与裂缝网络无关)和诱发微地震事件(具有渗透性,与裂缝网络相关)。

2. 微地震事件及地质综合分析方法研究

随着微地震监测技术的快速发展与广泛应用以及对微地震事件发展规律了解的迫切需求,将微地震事件分布与地质资料综合解释已成为微地震资料运用的一个重要方面。监测前期通过地质资料了解储气库分布范围以及区域断裂体系分布的先验信息,可帮助优化储气库微地震监测系统,对储气库危险区域进行重点监控。在监测过程中,对微地震事件进行反演后,将微地震事件震源位置信息与地质资料相结合,查明微地震事件发生原因,并区分是否对储气库腔体完整性造成危害,保障储气库安全运行。

图2－6－10为呼图壁三维目的层断裂分布平面图,可以看出在该区域存在较多断裂构造。在监测过程中应将微地震事件位置信息与地质资料综合分析,若在断层附近、储气库边缘地带或者上下盖层等区域发现震级较大、数量较多的微地震事件,应及时上报并调整储气库运行参数,以保障储气库安全运行。

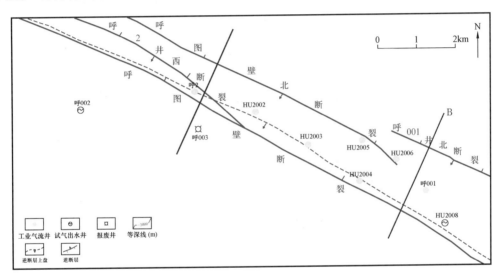

图2－6－10　呼图壁三维目的层段断裂分布平面图

3. 储气库三维空间完整性微地震综合分析方法研究

储气库盖层的密封性,是评价一座储气库优劣的关键因素。由于盖层分布的不均衡,当注气压力较高时,未探明的盖层可能发生异常,进而使气体向上运移。当气体渗入盖层以上第一个可渗透层时,压力观察井将显示该层压力迅速增大,同时由于水的压缩性低,亦可通过水位测定判断有无气体进入该层。

地下盐穴储气库溶腔是埋藏在地下的巨大储气空间,与常规油气藏有本质区别,虽然盐层密封性很好,但由于地质状况的差异,溶腔整体密封性需要测试确定,否则溶腔注气后一旦发生气体漏失将很难处理。测试包括造腔前和造腔后两个阶段,造腔前测试是为了保证不发生地层漏失才可开始造腔,造腔后测试主要是观测溶腔的密封性。测试方法是以氮气或空气为试压介质,通过下入双层测试管柱,检测气体的泄漏量来评价腔体的密封性。测试完后,还需布置完整可靠的监测系统,对储气库运行过程进行监测。

微地震监测作为一种常规监测手段,对保障储气库安全运行起着十分重要的作用。运行过程中对储气库区域进行实时监测,结合多学科、多种监测方法判断储气库三维空间是否完整安全,寻找储气库潜在的不安全因素,调整储气库运行参数,以保障储气库安全运行。

1)与地震地质资料、应力结合分析

在得到微地震定位结果后,将微地震事件位置与储气库地震地质情况相结合,判断微地震事件是否发生在重要断层或盖层位置附近,是否可能对储气库完整性造成威胁。如有条件,可与三维地震属性、应力构造进行综合分析,判该区域微地震产生原因以及生产施工造成的应力变化,如图2-6-11所示。

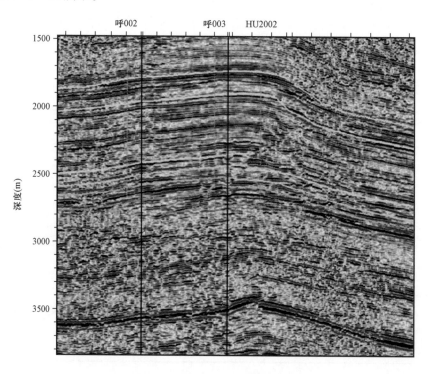

图2-6-11 呼图壁储气库地震解释剖面图

2)与储气库运行参数结合分析

地下储气库关键参数主要包括上限压力、下限压力、库容量、工作气量、垫底气量、注采井数、最大调峰能力等。注采参数主要包括注采井数、每口注采井注采情况、注采井压力、储气库目前存气量等。结合储气库运行参数与微地震监测结果,可及时掌握储气库流体分布和移动规律;分析微地震信号产生的原因,优化运行参数,避免微地震事件大量发生,保证储气库安全运行。

3)与其他监测手段结合分析

地下储气库动态监测主要包括储气库密封性监测、参数监测及油气水界面监测等。我国在油气田开发过程中,在动态监测方面发展了一些成熟技术,可以为储气库动态监测提供借鉴。

我国地下储气库的研究和建造尚处于起步阶段,已建成的大张坨、金坛盐穴等地下储气库,虽然在油(气)设计、地面工艺及施工技术等方面具有开创性,但由于运行时间较短,在储气库注采过程中尚未形成系统的动态监测技术,配套仪器设备亦不齐全。

储气库监测的动态参数主要有:采气井压力温度监测,包括产气、产水量,井口油压、回压、温度、含砂、含水等数据;注气井压力温度监测,包括注气量,压缩机出口压力、温度,井口油压、温度、气体静压、流压、静温、流温等数据。通过微地震监测与监测采气井的动态参数及压力、温度数据结合分析,及时掌握储气库的注采量及库内流体的分布和运移规律,进而分析储气库的运行状况。

国外储气库的监测手段主要有:观察井测井,用于检查地面压力或液面的变化情况,监测气体在库内的存在状况及上覆盖层内是否有气体进入;中子测井,用于探测套管外孔隙介质内的气体情况;温度测井,用于探测由于气体流动而产生膨胀所引起的异常温度梯度的变化情况;转子流量计,用于探测套管内气体的流动情况;气体饱和度测井,用于探测不同深度的气体饱和度,预测气水、气油的驱替情况。

储气库在储气前尚需进行保护性测试和采取保护性措施,包括测试评价盖层的地质状况,确定盖层的最大承受压力;测试井下套管、固井水泥和井筒之间的胶结情况;对井下套管采取阴极保护措施等。其对防止储气库运行期间的泄漏,均有较好效果。

三、储气库微地震监测实际应用

国内储气库应用较少,2017 年东方物探在金坛盐穴储气库进行微地震监测试验,采集储气库微地震研究基础数据,监测分析金坛盐穴储气库微地震事件特点,论证分析微地震有效监测范围,为该区域长期动态监测打下坚实基础。

(一) 项目概况

金坛盐矿所在的金坛构造位于扬子地台的东北部,面积约 $526km^2$,是苏南隆起区常州坳陷带中的次一级构造。金坛盆地夹持于茅山推覆带和上黄一大华隆起带之间,北临丹阳盆地、陵口盆地,南为南渡盆地,形成一个北东走向的新生界沉积盆地。金坛岩盐矿床平面形态呈肾状分布,含盐面积 $60.5km^2$,岩盐矿石总储量 $162.42 \times 10^8 t$,岩盐层埋深 $800 \sim 1200m$,岩盐层厚度 $67.85 \sim 232.29m$。岩盐层的分布在平面和纵向上都比较稳定,分布较平缓,略有起伏。岩盐层最发育区域位于东北部陈家庄矿区及南部茅兴矿区,分布较稳定,岩层厚度大。

地下储气库的储层为阜宁组四段的盐岩,为浅水环境干盐湖沉积,属于湖盆闭塞、湖水变浅的蒸发岩相。该区岩盐层普遍发育且埋深浅,岩性主要为盐岩、含泥盐岩夹含盐泥岩、钙芒硝泥岩、云质泥岩、泥岩、粉砂岩等。岩石成分以石盐为主,其次为钙芒硝、石膏,局部出现无水芒硝,杂质主要为黏土矿物,其次为白云岩、碳酸盐岩等。

被监测的 6 口井中,共 4 口注采井,2 口造腔井,井型基本为直井。以监测井 JK3 - 5 井的井口为坐标原点,建立造腔井轨迹和注采井轨迹,统一储气库监测坐标系,确立检波器位置与储气库的相对坐标(图 2 - 6 - 12)。监测距离在 $271 \sim 552m$ 之间,采用 12 级 Maxwave 三分量检波器接收,检波器级间距定为 10m,根据储气库目的层垂深,检波器的位置应尽可能靠近储气库目的层,12 级三分量检波器设计放置位置为 $870 \sim 980m$,间距 10m,共监测 23 天。

(二) 处理解释成果

在为期 23 天的监测施工过程中,共监测到 507 个微地震事件,震级范围为 $-2.64 \sim -0.353$

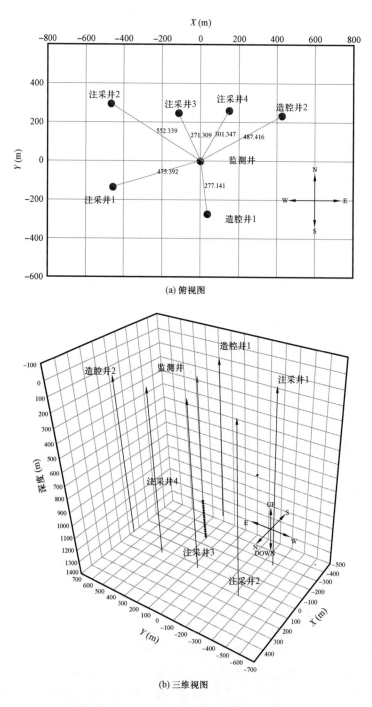

(a) 俯视图

(b) 三维视图

图2-6-12　金坛储气库微地震监测系统

级。如图2-6-13所示,微地震事件主要集中的红色区域认为是4条活动的天然裂缝,另外在造腔井1和造腔井2也监测到少量微地震信号。在造腔井1和造腔井2中各监测到16个微地震事件,在近裂缝区域监测到387个微地震事件,在远裂缝区域监测到88个微地震事件,从时间规律来看,在 12 月 19 日微地震事件产生最多(图 2 - 6 - 14),在 12 月 20 日发生的微地震事件能量最大(图 2 - 6 - 15)。

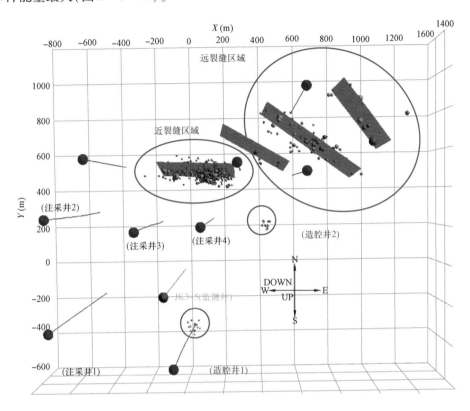

图 2 - 6 - 13　微地震定位结果

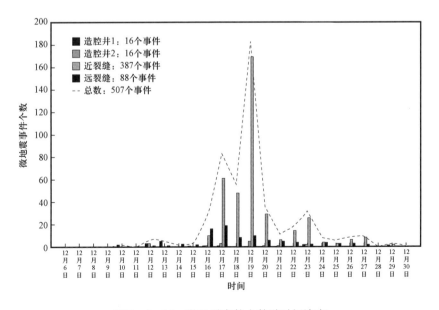

图 2 - 6 - 14　微地震事件个数随时间演变

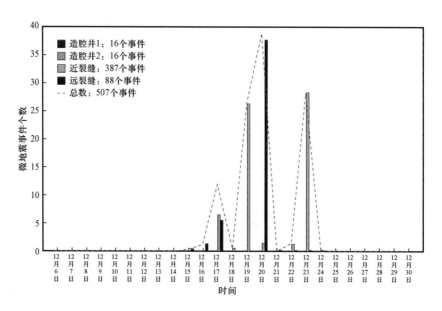

图 2 - 6 - 15　微地震事件能量随时间演变

造腔井 1 中微地震事件基本平均出现在施工各个阶段(图 2 - 6 - 16),在 12 日、13 日出现较集中,在造腔结束后也有少量微地震事件。微地震事件在施工活动达到最大值时开始产生,并且在施工参数(压力、注排量)发生剧烈变化时,微地震事件数量明显增多。造腔井 2 在整个监测过程中微地震事件分布相对比较平均,在 17 日、19 日出现较集中。微地震事件主要出现在施工活动数值达到最大值附近的区域内,而当施工活动数值减小到一定程度后,将不再出现。

近裂缝区域微地震事件产生较集中,在 16 日之后开始出现,主要集中在 17—20 日之间,其中 19 日最多达到 169 个;微地震事件在井口压力达到最大值时开始出现,并且当井口压力保持在一定数值之上时,微地震事件持续大量出现。远裂缝区域微地震事件从 12 日之后开始出现,主要集中在 16—21 日之间,其中 17 日最多达到 21 个;微地震事件在井口压力达到最大值时开始出现,并且当井口压力保持在一定数值之上时,微地震事件持续大量出现。裂缝区域微地震事件的大量产生与注采井注气施工有关,在注气过程中压力增大到一定程度诱发大量微地震事件产生。

近年来,b 值分析被应用到微地震监测及描述破裂过程中来。研究显示,人工活动相关事件对应 b 值大约为 2 或者更高,相关断层事件的 b 值大约为 1。更高的 b 值对应更低的应力,b 值估计可以帮助确定那些裂缝开启或者闭合的区域。b 值的增加意味着裂缝开启,下降对应着裂缝闭合。图 2 - 6 - 17 为各区域 b 值分析,造腔井 1、造腔井 2 微地震事件 b 值分别为 2.8、2.9,与人工活动事件相关;近裂缝区域和远端裂缝区域微地震事件 b 值分别为 1.2、1.1,与断层有关。

造腔比注气产生的微地震活动强,远处注采井 5 与注采井 6 之间,注采井 7 附近发生大量微地震信号,判断由断层活动引起。将微地震事件投影到前期三维地震勘探断层解释图中(图 2 - 6 - 19),微地震事件在黑色区域与断层刻画吻合较匹配。与 b 值分析结果一致。

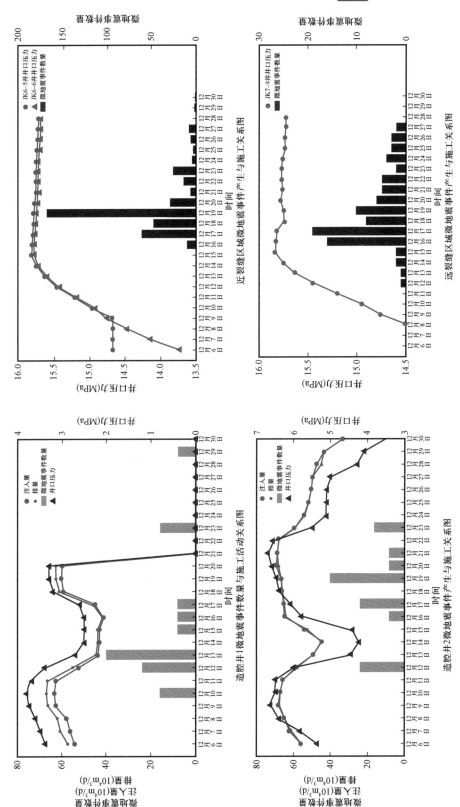

图 2 - 6 - 16 微地震事件与施工关系图

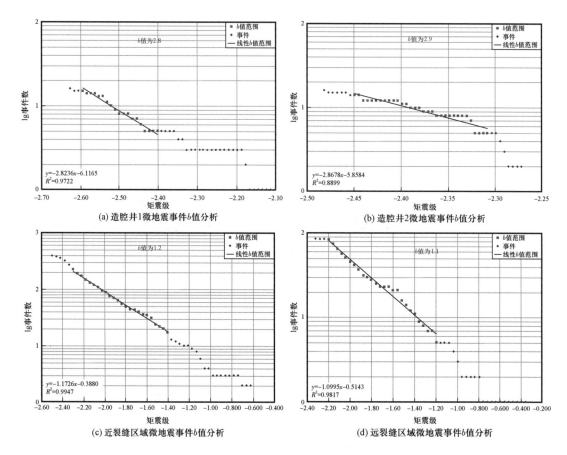

(a) 造腔井1微地震事件b值分析

(b) 造腔井2微地震事件b值分析

(c) 近裂缝区域微地震事件b值分析

(d) 远裂缝区域微地震事件b值分析

图2-6-17　b值分析

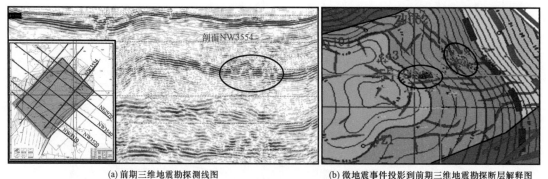

(a) 前期三维地震勘探测线图

(b) 微地震事件投影到前期三维地震勘探断层解释图

图2-6-18　微地震、地震结合分析

(三) 认识和建议

(1) 本次试验从12月8日至12月31日，共监测23天，监测过程中共监测到507个有效信号，震级范围为 -2.64 ~ -0.353 级。

(2) 设计施工监测的6口井中，只在造腔井1和造腔井2中监测到少量微地震信号，在注采井中并未监测到明显信号,说明腔体附近没有监测到明显微地震信号,造腔阶段井内活动要大于注采气阶段。

(3)在造腔井 1 和造腔井 2 附近接收到的微地震信号震级范围为 -2.63 ~ -2.10 级,推测可能为该区域造腔过程中微地震震级范围。

(4)施工过程中,在注采井 5 与注采井 6 之间、注采井 7 附近发生大量微地震信号,结合地震数据进行分析认为是天然裂缝或断层活动。

(5)造腔井和天然裂缝区域活动产生的裂缝大多是剪应力和张应力共同作用的结果,其中张应力占主要作用的裂缝较多,一般为张开缝。

(6)天然裂缝位置处微地震事件震级较造腔井 1 和造腔井 2 附近的微地震事件震级较大。符合一般认识:一般情况下,天然裂缝或断层活动比人工活动较剧烈。

(7)对于造腔井,微地震事件基本平均分布在整个施工过程中。在压力变化处和压力达到最大值之后产生较多(由于监测时间较短,造腔井附近接收到的微地震事件较少,统计规律并不明显)。

(8)两个裂缝区域的微地震事件都是在附近井压力升到一定值后才开始集中出现,初步认为可能是注气井压力升高导致附近断层活化。

(9)注采井 5 与注采井 6 之间的裂缝在压力达到 15.8MPa 后,微地震事件开始产生并大量出现;注采井 7 附近裂缝在压力达到 15.4MPa 后开始出现,达到 15.8MPa 后大量出现。在后续施工中应密切关注断层区域。

参 考 文 献

[1] Shawn Maxwell. 非常规储层水力压裂微地震成像[M]. 李彦鹏,王熙明,徐刚,等译. 北京:石油工业出版社,2016.

[2] 刘振武,撒利明,巫芙蓉,等. 中国石油集团非常规油气微地震监测技术现状及发展方向[J]. 石油地球物理勘探,2013,48(5):843 - 853.

[3] 储仿东,李彦鹏,徐刚,等. GeoEast - ESP 微地震实时监测系统(V1.0)[J]. 石油科技论坛,2015(B10):8 - 11.

[4] 张唤兰. 微地震数值模拟及震源定位方法研究[D]. 西安:西安科技大学,2014.

[5] 宋维琪,陈泽东,毛中华. 水力压裂裂缝微地震监测技术[M]. 东营:中国石油大学出版社,2008.

[6] 李万万. 基于波动方程正演的地震观测系统设计[J]. 石油地球物理勘探,2008,43(2):134 - 141.

[7] 朱卫星,张春晓,邱铁成,等. 微地震信号的变速 FK 滤波 - 自适应极化滤波方法[J]. 地球物理学进展,2009,24(5):1776 - 1786.

[8] 蒋腾飞. 微地震数据去噪方法研究[D]. 荆州:长江大学,2015.

[9] 刘美丽,冯刚,何川,等. 基于多道扫描叠加的微地震事件自动识别方法[C]//中国石油学会 2015 年物探技术研讨会论文集,2015:785 - 788.

[10] 吕世超,宋维琪,刘彦明,等. 利用偏振约束的能量比微地震自动识别方法[J]. 物探与化探,2013,37(3):488 - 493.

[11] 王洪超. 基于 Fast - AIC 算法的微地震事件初至拾取及自动识别技术研究[D]. 长春:吉林大学,2017.

[12] 徐立安. 基于图像分形维法的微震事件自动识别技术研究[D]. 长春:吉林大学,2016.

[13] 宋维琪,何欣,吕世超. 应用卡尔曼滤波识别微地震信号[J]. 石油地球物理勘探,2009(z1):34 - 38.

[14] 王瑜,崔树果,郭全仕,等. 一种基于双差法的微地震震源定位方法:201410490046[P]. 2016 - 04 - 20.

［15］谭玉阳,李罗兰,张鑫,等．一种改进的基于网格搜索的微地震震源定位方法［J］．地球物理学报,2017,60(1):293-304.

［16］冯超．微地震实时监测及裂缝综合解释方法研究［D］．青岛:中国石油大学(华东),2013.

［17］朱海波,杨心超,廖如刚,等．基于微地震裂缝参数反演的解释与应用研究［J］．石油物探,2017,56(1):150-157.

［18］吕世超,郭晓中,贾立坤．水力压裂井中微地震监测资料处理与解释［J］．油气藏评价与开发,2013(6):37-42.

第三章 气藏型储气库风险评估技术

国外报道的储气库重大事故教训表明,大规模交替注采、压力循环波动易造成储气圈闭地质构造失稳、井屏障退化和地面设备故障,从而导致泄漏、燃烧或爆炸等事故发生[1]。例如,美国加利福尼亚州 Aliso Canyon 储气库因套管破损引发天然气泄漏,事故总损失超 10 亿美元,是美国历史上最严重的天然气泄漏事故[2]。储气库风险评估是通过识别对储气库安全运行有不利影响的风险因素,评价事故发生的可能性和后果,对风险大小进行评价并提出风险控制措施的分析过程。储气库风险评估是储气库完整性管理的核心环节之一,是运营管理人员全面掌握储气库风险和采取有效措施控制风险的重要手段。

第一节 气藏型储气库风险评估流程

地下储气库应具备两种能力:其一,储存天然气并阻止天然气释放到周围环境的能力;其二,以有效速率为用户提供储存天然气的能力。一旦丧失以上两种或其中一种能力,即定义为失效,失效模式包括泄漏和注采能力下降两种[3]。其中,注采能力下降模式主要是对盐穴储气库而言的,主要指运行过程中溶腔体积变化造成的注采能力下降情况。气藏型储气库则主要考虑泄漏失效模式,换言之,就是主要考虑天然气泄漏的风险。气藏型储气库包括储气圈闭、注采井、地面注采管道和集注站等单元,均只考虑泄漏模式。地下储气库系统包括储气圈闭、注采井、地面站场设施和地面集输管线等子系统,一旦发生泄漏,可能会将气体释放到大气,引发大火或爆炸事故,威胁人员生命安全和财产安全。由于各系统泄漏模式和后果不同,风险评估方法不同。

风险评估按照量化程度划分为定性风险评估、半定量风险评估及定量风险评估。定性风险评估是指采用相对的分类对事故的概率与后果进行估计;定量风险评估则是在统计数据的基础上对事故的概率和后果进行量化分析;半定量风险评估介于定性风险评估和定量风险评估方法之间,它是采用数字指数来评价事故的概率与后果。常用的定性风险评估方法有安全检查表法、专家评分法等,常用的定量风险评估方法有概率模型法等。储气库风险评估流程如图 3-1-1 所示,包括评价单元确定、数据收集与整合、风险分析和风险评定四个过程,其中风险分析包括危害因素识别、失效概率分析、失效后果分析和风险估算四个步骤,风险评定包括风险严重程度确定和风险控制措施选择与评估。风险评估是一个往复循环的过程,如出现根据上次评估结果确定的再评估时间、操作工况发生重大变化、进行重大维修改造、周边环境发生重大变化等情况时,应对所评估的地下储气库进行风险再评估。该评估流程对于地质体、注采井、地面站场设施和地面集输管线等系统单元均适用。

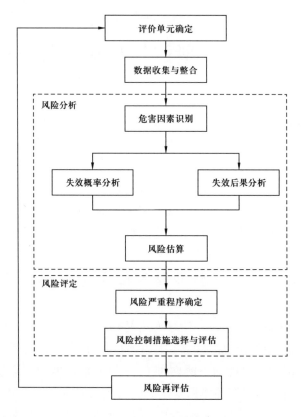

图 3 - 1 - 1　地下储气库风险评估流程

第二节　气藏型储气库注采井风险评估技术

一、数据收集与整合

气藏型储气库注采井风险评估时,应至少收集设计数据、材料数据、地质数据、施工数据、运行数据、维护检测数据、储存介质特性、周围环境数据、事故数据等。主要来源包括:

(1)设计、钻井、注采气完井、测井评价资料;

(2)日常运行、监测、检测和维修报告与记录;

(3)储气库运营公司的标准、规范和操作规程;

(4)管理体系文件和应急预案;

(5)管理与培训记录;

(6)故障处理记录、事故分析报告;

(7)同类行业的历史数据库和事故数据库;

(8)工业标准和规范。

气藏型储气库注采井风险评估所需数据见表 3 - 2 - 1。

表3-2-1 气藏型储气库风险评估所需收集数据

类型	具体数据
几何数据	注采管套管规格、壁厚、螺纹扣型;井口设备尺寸;与相邻井、设施间的间距
材料数据	注采管套管钢级、重量、管体及接头性能、涂层状况;井口设备钢级及性能;封隔器、井下安全阀材质;固井水泥类型及性能;环控保护液类型及性能
地质数据	地层构造及断裂特征、地层物性、地层压力、地震情况
施工数据	开钻时间、井身结构、上卸扣记录、螺纹气密封性能测试、测井评价、井筒密封性测试、试注采气记录
运行数据	注采气数据;压力和温度数据;天然气组分;采出油、水组分;监测数据
维护检测数据	井口设备拆检维护、更换、保养;注采管套管维修更换;井口设备检测;注采管套管腐蚀、变形检测;套管外水泥环胶结质量检测;库区地面沉降监测
周围环境数据	邻近监测井、矿井分布;附近的人口分布;公共建筑物;土地使用情况;道路设施;风速和风向信息;大气状况
事故数据	泄漏事故报告;失效分析报告;设备故障记录;误操作记录

二、注采井风险因素识别

注采井运行过程中的风险主要指天然气无控制地泄漏至地层或地面的风险,而泄漏发生的条件就是注采井屏障失效。井屏障指一个或多个相互依附的部件组成的封闭空间,可防止天然气无控制地泄漏至井眼、其他地层或外部环境。井屏障包括一级屏障和二级屏障:一级屏障可直接阻止储存介质无控制地向外层空间流动的屏障(包括盖层、封隔器以下生产套管外水泥环、封隔器、井下安全阀以下油管和井下安全阀);二级屏障指一级屏障失效后,可阻止储存介质无控制地向外层空间流动的屏障(包括封隔器处地层、封隔器以上生产套管外水泥环、生产套管、生产套管悬挂密封、生产套管井口段、A环空阀、油管悬挂密封、油管头与采气树法兰连接、主阀、采气树)(图3-2-1)。

注采井风险因素识别过程就是识别影响井屏障部件密封性失效的影响因素,见表3-2-2。储气库风险因素可归类为腐蚀、设备失效、冲蚀、运行相关、机械损伤和自然灾害六大类,见表3-2-3。

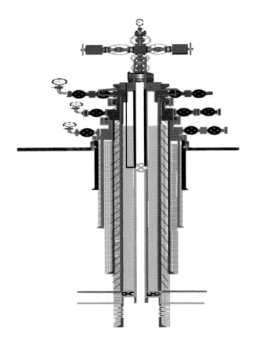

图3-2-1 注采井屏障示意图
绿色表示一级屏障,红色表示二级屏障

表3-2-2　注采井运行过程中风险因素

危害事件	引发因素	屏障失效	可能的后果
采气树密封失效	修井过程中机械损伤、密封元件损坏、腐蚀、冲蚀	二级屏障失效	泄漏到大气
主阀	腐蚀、冲蚀、密封圈泄漏	一级屏障失效	泄漏到大气
油管头与采气树连接法兰密封失效	密封垫环失效、腐蚀	一级屏障失效	泄漏到大气
油管挂密封失效	主、副密封失效,腐蚀	二级屏障失效	泄漏到环空、大气
油管密封失效	(1)穿孔:内部天然气腐蚀、气侵环空保护液失效;气体流动冲蚀。 (2)螺纹密封失效:扣型不适应注采工况;上卸扣中螺纹密封面损伤;腐蚀。 (3)油管破裂:油管强度不足;油管材质不达标;压力过高	一级屏障失效	泄漏至环空
套管密封失效	(1)穿孔:地层水腐蚀、气侵环空保护液失效。 (2)螺纹密封失效:扣型选用不合理;上卸扣中螺纹密封面损伤;腐蚀;外力。 (3)套管挤毁和破裂:施工磨损、套管强度不足;套管材质不达标;外力所致	一级屏障失效或二级屏障失效	泄漏到地层或地面
A环空阀	密封环失效、腐蚀	二级屏障失效	泄漏到大气
套管外水泥环密封失效	固井质量差;运行中产生微裂纹或微环隙	一级屏障失效或二级屏障失效	泄漏到地层,致地面、环空带压
井下封隔器失效	(1)密封失效:腐蚀、老化;环空压力和油管压差过大。 (2)无法正常开启或内漏	一级屏障失效	泄漏至环空;泄漏后无法关闭井
井下安全阀外漏	腐蚀、冲蚀、设备失效	一级屏障失效	泄漏至环空
盖层密封失效	注采运行相关、自然外力	一级屏障失效	泄漏到地层至地面

表3-2-3　储气库注采井风险因素

类别	共性风险	风险因素名称	小类名称
1	腐蚀	外腐蚀	外腐蚀
		内腐蚀	内腐蚀
		细菌腐蚀	细菌腐蚀
		应力腐蚀	应力腐蚀
2	设备失效	制造缺陷	管体缺陷
			管焊缝缺陷
			井口组装缺陷
			井口阀门缺陷
		施工缺陷	管柱磨损
			螺纹接头黏扣及密封面损伤

类别	共性风险	风险因素名称	小类名称
2	设备失效	服役过程中的 设备功能失效	O 形垫圈失效
			控制/泄放阀失效
			固井水泥环密封失效
			封隔器、悬挂器密封失效
			注采管柱、套管鞋密封失效
			仪器或仪表失准
3	冲蚀	冲蚀	内部砂粒
4	运行相关	运行相关	维修误操作、盖层密封失效、断层激活
5	机械损伤	第三方/机械破坏	第三方活动造成的破坏
			人为故意破坏
		机械疲劳、振动	压力波动、金属疲劳
6	自然灾害	气候/外力作用	极端温度(如寒流)
			狂风(裹挟岩屑)
			暴雨、洪水
			雷电
			大地运动、地震

三、注采井风险评估方法

储气库注采井风险评估方法包括定性、半定量和定量风险评估方法。本节着重介绍基于故障树的储气库注采井风险评估方法,该方法属于定量风险评估方法。

(一)基于故障树的注采井泄漏概率计算方法

1. 注采井泄漏故障树

气藏型储气库风险评估主要考虑泄漏风险,由于注采井泄漏路径较多,因此采用故障树方法来确定注采井泄漏概率。故障树的建立是一个从上而下的过程,首先应识别顶事件和与它直接相关的事件(可称为中间事件),然后识别每个中间事件和与它直接相关的事件,直到树的底部(即基本事件)。故障树由一个或多个基本事件组合而成,导致一个中间事件。

基本事件和中间事件用两种逻辑运算连接:

⌂ 与门——如果所有的事件发生,中间事件以上事件才将发生;

⌂ 或门——如果任何一个或多个事件发生,中间事件以上事件将发生。

储气库注采井泄漏故障树建立以注采井泄漏作为顶事件,通过采气树泄漏、通过 A 环空泄漏、通过 B 环空泄漏、通过 C 环空泄漏和通过地层泄漏作为次级事件,并分别建立其子故障树[4-7],如图 3-2-2 至图 3-2-7 所示。根据建立的地下储气设施故障树,以三层套管井身结构的典型注采井为例,共识别出 35 个基本事件(表 3-2-4)、219 个泄漏路径组合。

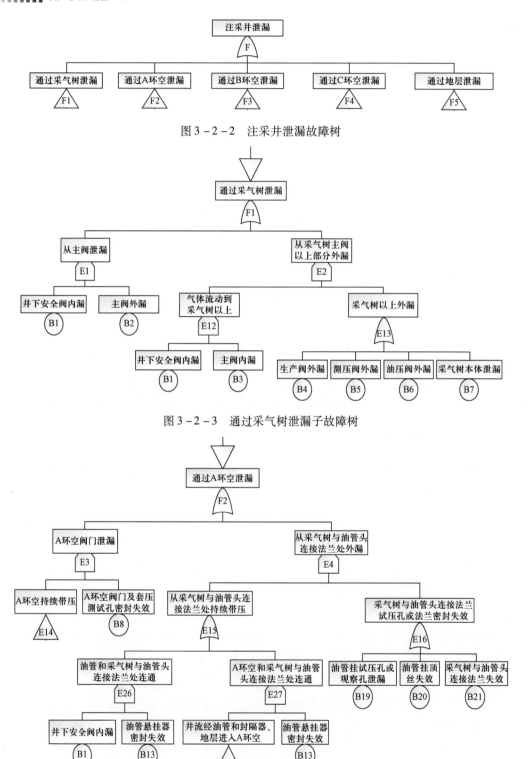

图 3-2-2　注采井泄漏故障树

图 3-2-3　通过采气树泄漏子故障树

图 3-2-4　通过 A 环空泄漏子故障树

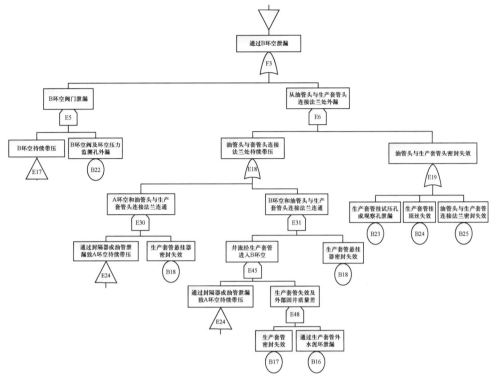

图3-2-5 通过B环空泄漏子故障树

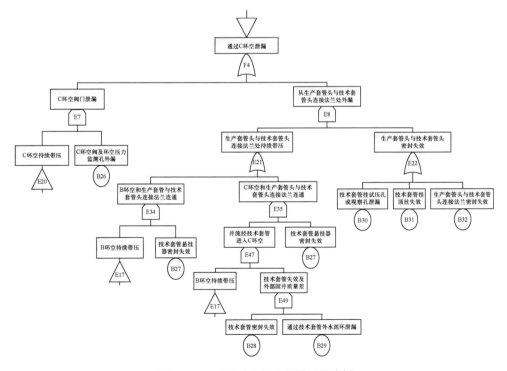

图3-2-6 通过C环空泄漏子故障树

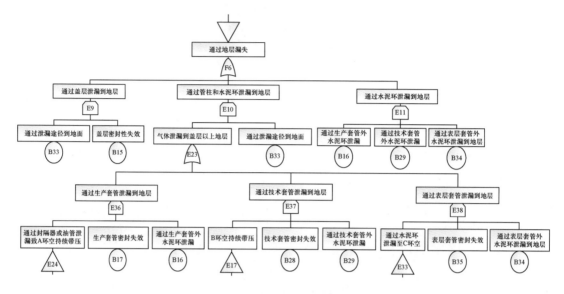

图 3-2-7　通过地层泄漏子故障树

2. 注采井泄漏失效概率计算模型

注采井泄漏失效概率计算首先是确定基本事件的发生概率,最后基于故障树逻辑关系,最终计算注采井泄漏失效概率。主要步骤如下。

1)确定各类风险因素与基本事件的关系

基本事件发生概率受各种风险因素的交互影响,不同风险因素对其影响程度不同。根据工程经验和风险因素识别,各类风险因素与基本事件的关系见表 3-2-4[8]。

表 3-2-4　各类风险因素与基本事件的关系

序号	基本事件	风险因素					
		腐蚀	设备失效	冲蚀	运行相关	机械损伤	自然灾害
B1	井下安全阀内漏		√				
B2	主阀外漏		√			√	√
B3	主阀内漏		√				
B4	生产阀外漏		√	√		√	√
B5	测压阀外漏		√			√	√
B6	油压阀外漏		√			√	√
B7	采气树本体泄漏	√		√		√	√
B8	A环空阀及套压测试孔密封失效		√				
B9	封隔器密封失效	√	√				
B10	井下安全阀和封隔器之间的油管泄漏	√	√	√	√		
B11	井下安全阀外漏	√	√	√			
B12	井下安全阀以上油管泄漏	√	√	√	√		

序号	基本事件	风险因素					
		腐蚀	设备失效	冲蚀	运行相关	机械损伤	自然灾害
B13	油管悬挂器密封失效		√				
B14	通过盖层以下生产套管外水泥环泄漏				√		
B15	盖层密封性失效				√		√
B16	通过生产套管外水泥环泄漏				√		
B17	生产套管密封失效	√					√
B18	生产套管悬挂器密封失效		√				
B19	油管挂试压孔或观察孔泄漏		√				
B20	油管挂顶丝失效		√				
B21	采气树与油管连接法兰失效		√				
B22	B环空阀及环空压力监测孔外漏		√				
B23	生产套管挂试压孔或观察孔泄漏		√				
B24	生产套管挂顶丝失效		√				
B25	油管头与生产套管连接法兰密封失效		√				
B26	C环空阀及环空压力监测孔外漏		√				
B27	技术套管悬挂器密封失效		√				
B28	技术套管密封失效	√					√
B29	通过技术套管外水泥环泄漏				√		
B30	技术套管挂试压孔或观察孔泄漏		√				
B31	技术套管挂顶丝失效		√				
B32	生产套管头与技术套管头连接法兰密封失效		√				
B33	通过泄漏途径到地面				√		
B34	通过表层套管外水泥环泄漏到地层				√		
B35	表层套管密封失效	√					√

2)基本事件发生概率计算

基本事件的发生与各类风险因素相关,基本事件发生概率可根据实际参数和工况,评价每类风险因素,根据每类风险因素对基本事件的影响关系,按式(3-2-1)计算基本事件发生概率。

$$Pf_i = 1 - \Pi(1 - Pf_{ij}) \qquad (3-2-1)$$

式中 i——基本事件编号;

j——风险因素编号;

Pf_i——基本事件 i 的发生概率,次/a;

Pf_{ij}——由风险因素 j 引起的基本事件 i 的发生概率,次/a。

其中,各类风险因素导致基本事件发生概率计算方法通常采用统计法或工程评价模型计算获得。统计法是通过收集相应的储气库或同类设施的历史失效数据进行分析,得出该失效事件过去的发生频率,并以此预测现在或将来的发生频率。工程评价模型是根据实际工况预测风险因素导致基本事件发生的概率。

(1)冲蚀。

当固体或液体颗粒以高流速撞击管道或相关设备的内表面时将发生冲蚀,致使设备表面金属损失(图3-2-8),而造成壁厚减薄甚至穿透冲蚀现象被认为是很复杂的,原因是其参数多,范围很广,例如流体性质、固体颗粒度、流量分布、管壁材质和几何尺寸等。为简化分析,需做如下假设:一是金属损失的区域将集中在流量被限制的区域,如地面三通和弯管;二是冲蚀只造成设备的局部金属损失,但不能导致设备破裂;三是采出气体中如没有出砂,冲蚀风险可忽略不计,也可保守假设存在小砂粒来估计冲蚀速率,并以与气体相同的流速传输。冲蚀失效概率计算模型采用微粒冲蚀模型[8],计算式如下:

$$Pf_{\mathrm{erosion}} = \frac{E_k}{t} \times ratio = 2.572 \times 10^{-3} \left[\frac{S_k W \left(\dfrac{v}{D} \right)^2}{t} \right] \times ratio \qquad (3-2-2)$$

式中　E_k——冲蚀速率,次/a;

　　　W——砂砾流速,kg/d;

　　　v——气体流动速率,m/s;

　　　D——设备内径,mm;

　　　S_k——几何形状参数[估计紧急切断阀(ESDV)和井口的冲蚀速率时,几何因子S_k取
　　　　　　0.019时(代表90°三通);估计气体通过注采井向上流动的冲蚀速率时,S_k取
　　　　　　0.0006;对于短半径弯管,S_k取0.038];

　　　Pf_{erosion}——冲蚀导致设备失效的概率,次/a;

　　　t——设备壁厚,mm;

　　　$ratio$——储气库以最大日生产速率运行占一年的时间比例,%。

图3-2-8　某地下储气库井口节流阀因冲蚀失效

（2）腐蚀。

储气库运行过程中套管、封隔器、油管和井口设施的安全可靠性均可能受到腐蚀的影响。以下将对腐蚀对套管、封隔器和油管的可靠性影响进行评价。井下封隔器的主要失效机制与腐蚀和（或）密封元件的性能退化相关，封隔器的失效率可根据同类历史数据估计。油管、套管腐蚀失效概率计算模型需考虑以下情况：

① 不同的注采井具有不同的腐蚀环境，例如岩层分布、地层液体、固井质量、是否采取腐蚀控制措施及其有效性（例如环空保护液、阴极保护和腐蚀缓蚀剂等），因此不同注采井套管的腐蚀速率也是不同的。

② 对于生产套管，应考虑外腐蚀和内腐蚀影响，外腐蚀主要考虑由地层水造成的腐蚀，封隔器以上的生产套管内腐蚀主要考虑带有酸性气体的天然气侵入环空保护液后引发的腐蚀，封隔器以下的生产套管内腐蚀主要考虑储存介质引起的内腐蚀。对于技术套管、表层套管，只考虑地层水造成的外腐蚀情况。

③ 腐蚀缺陷导致套管失效可考虑腐蚀穿透和腐蚀缺陷增长致剩余管壁破裂两种失效类型，并可考虑采用蒙特卡洛方法计算套管腐蚀失效概率。

④ 对于存在套管壁厚检测数据的情况，可根据实际检测壁厚预测失效概率；而对于无检测数据的情况，可根据服役年限和腐蚀速率估计。对于内腐蚀，腐蚀开始时间从套管安装即开始；外腐蚀缺陷只有当地层液体穿透水泥环才开始。确定腐蚀开始时间时可考虑两种情况：生产开始时间即为腐蚀开始时间；生产运行 10 年以后腐蚀开始。

⑤ 油管腐蚀也包括内腐蚀和外腐蚀，内腐蚀指储存介质的腐蚀，外腐蚀则指酸性气体气侵环空保护液失效后引发的腐蚀。油管腐蚀失效概率计算方法和套管腐蚀模型相同。

（3）设备失效。

设备失效主要针对阀门、法兰连接、井下安全阀、油管悬挂器、套管悬挂器、油管螺纹密封、固井水泥环密封失效。对于阀门、法兰连接、井下安全阀等因设备失效造成的失效概率可根据式（3-2-3）计算：

$$Pf = 1 - R(0) \times e^{-\frac{t}{MTTF}} \qquad (3-2-3)$$

其中 Pf——设备失效概率，次/a；

$R(0)$——设备初始可靠度；

$MTTF$——设备平均失效时间，可参考同类设备历史数据取值，h；

t——设备服役时间，h。

对于服役过程中油管螺纹密封失效情况，油管螺纹密封受螺纹拉伸效率、螺纹压缩效率和注采过程中轴向拉伸、压缩载荷影响，拉伸和压缩状态下螺纹密封失效极限状态如式（3-2-4）和式（3-2-5）所示，如不满足，螺纹密封失效发生。因此，根据极限状态建立油管螺纹密封失效概率计算模型预测油管螺纹密封失效概率。拉伸效率、压缩效率和注采过程中的轴载荷计算可参见标准 SY/T 7370—2017《地下储气库注采管柱选用与设计推荐做法》。

$$\frac{F_{et}}{T_o} \leqslant \frac{\delta_t}{S_{tt}} \qquad (3-2-4)$$

$$\frac{F_{ec}}{T_o} \leqslant \frac{\delta_c}{S_{tc}} \tag{3-2-5}$$

式中 F_{et}——注采过程中的拉伸载荷，kN；

      F_{ec}——注采过程中的压缩载荷，kN；

      δ_t——管柱接头气密封下的拉伸效率，%；

      δ_c——管柱接头气密封下的压缩效率，%；

      S_{tt}——注采管柱气密封下抗拉伸安全系数；

      S_{tc}——注采管柱气密封下耐压缩安全系数。

服役过程中通过水泥环泄漏，与固井水泥环失效、运行相关以及自然灾害因素相关，但各类因素对通过水泥环泄漏的贡献大小缺乏数据支持。因此，通过水泥环泄漏的概率可根据历史数据以及 B 环空、C 环空压力诊断情况来估计。

（4）机械损伤。

对于注采井，机械损伤考虑两个方面：① 维修操作造成的损伤；② 第三方故意破坏。机械损伤造成的井口设施失效概率基于同类设施历史数据确定，并假设机械损伤对井口任何部分的损伤可能性是均等的。例如，1995—2005 年萨斯喀彻温省工业资源数据库统计了 2700 起现场设施事故记录，其中第三方故意破坏 1 起（失效概率计为 0.1 次/a），由于维修工作人员造成的井口损伤事件 5 起（失效概率计为 0.5 次/a）。为将失效概率对应到单井的失效概率，可根据萨斯喀彻温省井的平均数量将失效概率转化成事件/（井·a）。截至 2004 年，萨斯喀彻温省有 39300 口井。假设 1995—2005 年，当失效事故被报道时，2004 年报道的井中有 75%已运行达 10 年以上。因此，第三方故意破坏的发生概率为 3.4×10^{-6} 次/（井·a），由于维修工作人员造成井口损伤的概率为 1.7×10^{-5} 次/（井·a）。机械损伤引起井口设备的总失效率为 2.04×10^{-5} 次/（井·a）。

（5）运行相关。

导致注采井泄漏与注采运行相关事件包括：① 维修操作期间，对井口或井筒的机械损伤；② 注采过程中，盖层密封性失效或断层滑移激活导致圈闭密封性失效；③ 注采过程中，水泥环或管柱密封失效。其中，事件①和事件③已分别在机械损伤部分介绍。注采过程中的圈闭密封性失效概率可根据同类历史数据，并综合盖层、断层监测井的动态监测结果综合估计。

（6）自然灾害。

自然灾害包括地震、重力驱动边坡失稳和恶劣天气等，均可能影响地下储气设施的安全运行。不同区域的地下储气库可能遭受的自然灾害种类不尽相同，北美地区可能存在飓风灾害，而国内飓风灾害少见报道，因此，应根据实际情况确定可能引起注采井失效的自然灾害。地震灾害可能导致注采井密封失效，从而造成天然气泄漏。地震引起注采井失效的发生概率可采用地震危害分析方法得到，如图 3-2-9 所示。该方法是根据注采井附近所在的地震带信息来估计，主要步骤如下：

① 确定地震幅度与频率的关系；

② 确定地面峰值加速度（PGA）和地震幅度的关系；

③ 确定注采井区域的地震频率和地面峰值加速度的关系；

④ 确定地震引起井失效的 PGA 门槛值和每年因地震导致注采井失效的频率；

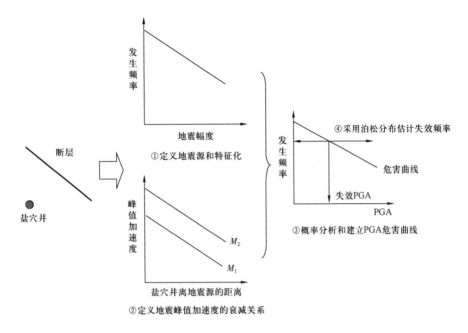

图 3 - 2 - 9　地震概率危害分析过程

M_1, M_2—不同的地震幅度

⑤ 采用泊松分布来估计注采井在设计寿命 50 年内的失效概率。

3）注采井泄漏失效概率计算

注采井泄漏失效概率计算时主要考虑以下情况：

（1）注采井泄漏包括小泄漏、大泄漏和破裂等失效模式，不同的泄漏模式其发生的概率不同；

（2）不同的危害因素对失效模式发生的贡献是不同的；

（3）对于含多个基本事件的割集，其失效模式由最后发生的基本事件控制，并将该基本事件定义为该割集的主事件；

（4）应根据井屏障状态，对计算的基本事件失效概率进行修正；

（5）注采井泄漏失效概率根据故障树逻辑计算。当基本事件通过与门连接时，基本事件的概率可相乘：

$$p = p_1 p_2 p_3 \cdots \tag{3 - 2 - 6}$$

式中　p——顶事件或中间事件的发生概率，次/a；

　　　p_1——基本事件 1 的发生概率，次/a；

　　　p_2——基本事件 2 的发生概率，次/a；

　　　p_3——基本事件 3 的发生概率，次/a。

对于或门，基本事件的概率可根据式（3 - 2 - 7）计算：

$$p = 1 - (1 - p_1)(1 - p_2)(1 - p_3) \cdots \tag{3 - 2 - 7}$$

如果基本事件概率很小时，式（3 - 2 - 7）可近似为：

$$p = p_1 + p_2 + p_3 \cdots \qquad (3-2-8)$$

(二)泄漏后果评估方法

注采井失效后果模型是专门用来量化其发生泄漏对人员生命安全、经济和环境方面造成的后果。其中,人员生命安全后果考虑灾害发生后人员死亡人数和受伤情况;经济后果考虑产品损失费用、设施维修费用和灾害造成的财产损失;环境后果则考虑气体泄漏到空气对环境的影响。注采井泄漏后果的定量分析是通过对有代表性的失效场景建立数学模型,分析泄漏后发生的灾害类型和影响范围,估算其造成的各种损失情况。定量后果分析模型需要考虑输送介质的物理化学特性、泄漏速率、点火概率、灾害种类等因素。泄漏后果评估主要包括确定注采井泄漏灾害类型,计算天然气泄漏速率和(或)泄漏量,计算灾害的强度和影响范围,估算泄漏造成的经济损失情况。

1. 泄漏灾害类型

注采井发生泄漏后,如果立即点燃,通常只会发生喷射火(JF),而不是先发生火球,再发生喷射火,这是因为最初火球灾害可以认为是稳定喷射火灾害的保守情形。如果延迟点燃,泄漏的气体介质扩散后,会发生蒸汽云爆炸(VCE)或者蒸汽云火(VCF);如果没有点燃,则只形成有毒火窒息气团(VC)。气体扩散后的影响范围与介质在空气中的浓度有关,受介质物理性质、气象条件等因素影响。为简化分析,只考虑三种情况:

(1)泄漏到大气,立即被点燃,发生喷射火(JF);

(2)泄漏到大气,安全扩散(SD);

(3)泄漏到地层迁移一定距离,但未泄漏到大气。

2. 计算天然气泄漏速率

泄漏速率与泄漏模式、泄漏位置、泄漏孔尺寸和约束条件等因素相关。注采井天然气泄漏速率可考虑泄漏到大气和通过地层泄漏两种情况,并考虑小泄漏、大泄漏和破裂三种孔尺寸。对于大泄漏或破裂模式,还应考虑天然气压力随泄漏持续时间变化而下降的过程。泄漏失效后果计算关键在于不同泄漏级别的泄漏速率计算。对于泄漏到大气的情况,小泄漏采用 Beggs 建立的阻流模型[式(3-2-9)][9],大泄漏和破裂采用式(3-2-10)计算泄漏速率。对于地层泄漏情况,小泄漏和大泄漏均采用式(3-2-9)计算泄漏速率;对于破裂泄漏情况,采用式(3-2-11)计算泄漏速率[9]。考虑天然气泄漏过程中压力下降时,可通过迭代计算不同泄漏时间下的泄漏速率。

$$q_{SC} = \frac{C_n p_1 d_{ch}^{2}}{\sqrt{\gamma_g T_1 Z_1}} \sqrt{\left(\frac{k}{k-1}\right)\left(y^{\frac{2}{k}} - y^{\frac{k-1}{k}}\right)} \qquad (3-2-9)$$

式中　q_{SC}——气体流动率,m^3/d;

C_n——流量修正系数,取值 3.7915;

d_{ch}——泄漏孔尺寸,mm;

p_1——泄漏位置处压力,kPa;

T_1——泄漏点处气体温度,K;

Z_1——温度 T_1、压力 p_1 下的压缩因子;

γ_g——天然气相对密度;

y——泄漏点处下游压力和上游压力的比值;

k——天然气比热容比。

$$q_i = 2.743 d^2 p \sqrt{\left(\frac{k}{GTZ_i}\right)\left(\frac{2}{k+1}\right)^{\frac{k+1}{k-1}}} \qquad (3-2-10)$$

式中　q_i——气体流动率,m^3/d;

d——泄漏孔尺寸,mm;

p——泄漏位置处压力,kPa;

T——泄漏点处气体温度,K;

Z_i——温度 T、压力 p 下的压缩因子;

G——天然气相对密度。

$$q(t) = \frac{2.55 \times 10^5 Kh}{\mu} \frac{p_w - p_e}{\log_2[r(t)/r_w]} \qquad (3-2-11)$$

式中　$q(t)$——储存介质泄漏速率,m^3/s;

K——地层的水平渗透率,mD;

T——泄漏持续时间,s;

μ——在原条件下的气体黏度,Pa·s;

p_w——井筒压力,Pa;

p_e——气水界面的压力,Pa;

r_w——井筒半径,m;

$r(t)$——储存介质远离井筒的径向迁移半径,m;

h——可扩散地层的厚度,m。

3. 计算灾害的强度和影响范围

天然气泄漏到大气直接被点燃而发生的喷射火热辐射强度计算时,可把整个喷射火看成是沿喷射中心线上的全部点源组成,并假设每个点热源的热辐射通量相等,则可按式(3-2-12)求出目标点处的热辐射强度[10]。

$$I = \frac{\eta X_g Q_{eff} H_C}{4\pi x^2} \qquad (3-2-12)$$

式中　I——热辐射强度,kW/m^2;

η——喷射火的效率因子;

X_g——辐射率,%;

Q_{eff}——有效气体泄漏速率,m^3/s;

H_C——天然气的燃烧热值,kJ/m^3;

x——点热源到目标点的距离,m。

喷射火灾害区域影响范围用灾害区域半径表征,按式(3-2-13)计算。

$$r = \sqrt{\frac{0.1547 p_{\text{wellhead}} D^2}{I_{\text{th}}}} \qquad (3-2-13)$$

式中 r——灾害区域半径,m;

p_{wellhead}——井口压力,Pa;

D——注采管直径,m;

I_{th}——热辐射门槛值,kW/m^2。

热辐射门槛值具体规定见表3-2-5。

表3-2-5 热辐射强度大小对人和建筑的影响

热辐射强度(kW/m^2)	对人的伤害	对建筑的伤害
≥31.5	30s 内致死率100%	全部建筑损坏
15.7~31.5	30s 内致死率50%	损坏程度为50%
≤15.7	30s 内致死率1%	不会发生破坏

4. 估算泄漏造成的经济损失情况

泄漏造成的经济损失包括灾害造成的财产损失、介质损失费用、设施维修费用、服务中断费用和环境影响费用,基本模型见式(3-2-14)。

$$c = c_{\text{dmg}} + c_{\text{prod}} + c_{\text{rep}} + c_{\text{int}} + c_{\text{env}} \qquad (3-2-14)$$

式中 c——储气库泄漏造成的经济损失,元;

c_{dmg}——灾害引起的财产损失费用,元;

c_{prod}——天然气损失费用,元;

c_{rep}——设施维修费用,元;

c_{int}——服务中断费用,元;

c_{env}——环境影响费用,元。

1)灾害造成的财产损失

泄漏到地层的失效事件不涉及灾害引起的财产损失费用。泄漏到大气的灾害引起的财产损失费用,只考虑更换损伤建筑及其附属设施的费用,财产损伤费用估计见式(3-2-15)。

$$c_{\text{dmg}} = c_{\text{u}} g_{\text{c}} A \qquad (3-2-15)$$

式中 c_{u}——单位面积建筑复原费用,元;

g_{c}——建筑总面积占灾害影响区域总面积百分比,%;

A——灾害对建筑影响区域总面积,m^2,按式(3-2-16)计算。

$$A = (1 - q_{\text{damage}}) A_1 + q_{\text{damage}} A_0 \qquad (3-2-16)$$

式中 q_{damage}——热辐射强度门槛值上下限之间的建筑损伤程度;

A_1——热辐射强度门槛值上限值里的总面积,m^2;

A_0——热辐射强度门槛值下限值里的总面积,m^2。

2)天然气损失费用

天然气损失费用按式(3-2-17)计算。

$$c_{prod} = u_p V_R \tag{3-2-17}$$

式中 u_p——天然气价格,元/m^3;

V_R——不同泄漏模式下的体积,m^3。

3)设施维修费用

注采井设施维修费用与泄漏位置、泄漏模式、泄漏类型及可维修性相关,应根据储气库运营公司的维修历史数据确定。如数据缺乏或为新建储气库,可参考如下简化方法:设施维修费用只考虑泄漏位置的维修费用,基本公式见式(3-2-18)。泄漏位置的维修费用由劳动力成本和更换设备费用构成。

$$c_{rpr} = c_{rpr-leak} \tag{3-2-18}$$

式中 $c_{rpr-leak}$——泄漏位置的维修费用,元。

4)服务中断费用

注采井泄漏后造成服务中断而产生的直接费用可按式(3-2-19)计算。中断服务时间取储气库单元泄漏发生后在线转换备用储气库单元的时间。

$$c_{int} = t_{interruption} v_{product} u_p \tag{3-2-19}$$

式中 $t_{interruption}$——中断时间,h;

$v_{product}$——储气库单元的采气速率,m^3/h。

(三)注采井风险评价

注采井风险评价的目的在于综合失效概率分析和后果分析的结果,从而度量所评价注采井的风险水平,主要考虑个人安全风险和经济风险两个方面。个人安全风险是针对泄漏而言的,是指生活或工作在地下储气设施附近的任何个人由于储气设施泄漏造成的年死亡概率,与泄漏发生的概率、危害类型、灾害区域类的人员分布情况相关,计算公式如下:

$$IR_{ijkl} = \theta_{il}P_{il}P_{leak,j}P_{jk}P_{fat,i,j,k,l} \tag{3-2-20}$$

式中 IR_{ijkl}——在位置i,泄漏严重度级别j时灾害事件k对人员l造成的个人风险;

θ_{il}——人员l在位置i所占的时间比;

P_{il}——人员l在位置i的概率;

$P_{leak,j}$——严重度级别为j的泄漏事件发生概率;

P_{jk}——泄漏严重度级别为j、灾害事件为k的发生概率;

$P_{fat,i,j,k,l}$——泄漏严重度级别j时灾害事件k造成人员l在位置i的死亡概率。

经济风险是失效事件发生概率与失效后果(经济费用)相乘得到的。经济风险主要考虑大气泄漏和地层泄漏失效事件,并对泄漏经济风险分别考虑小泄漏、大泄漏和破裂三种严重度级别来计算。

注采井个人安全风险是否可接受可根据 ALARA 原则,推荐不可接受线为 10^{-4} 次/a 和广泛接受线为 10^{-6} 次/a。对于经济风险,可根据成本效益分析法来确定其是否可接受,即分析对比控制风险所需成本与所取得效益的大小,如成本高于效益,则视风险不可接受。

（四）风险减缓措施选择与评估

注采井风险减缓措施选择与评估应考虑以下方面:

（1）是否为有助于降低盐穴地下储气库失效概率、减小失效后果或者两者兼顾的风险削减措施;

（2）是否充分考虑各种风险削减措施预期的降低风险及其消耗的资源;

（3）是否保障安全生产、降低泄漏和注采能力下降的风险。

注采井风险减缓措施具体见第五章。

第三节　储气库地面站场设施风险评估及控制技术

地面站场作为地下储气库的重要组成部分,担负着天然气地下储气库安全生产和运行的重要作用。随着天然气储气库建设的快速发展,地面站场的安全管理技术将越发关键。针对油气管道的风险评估,国内外已建立了比较系统的理论和技术支持体系[11],并实现了工业应用。然而,对于天然气站场特别是储气库地面站场的风险评估,国内外迄今没有系统全面的理论和方法。

一、储气库地面站场设施

地下储气库地面工艺主要包括集输系统、压缩机组、天然气处理系统、管路系统及外输管线,如图 3-3-1 所示。压缩机组、处理系统、管路系统等工艺设备及连接管路主要集中在地面站场内部。

压缩机组通常设在离井近的中心站,用于注气或采气。压缩机一般用于注气,因为地下储气库的压力比管网系统的压力高。在有压缩机的情况下,为了提高采出能力,采气时也用压缩机。有些情况下,埋藏很浅、压力很低的气藏用作储气库时,注气时用管线中的压力就足够了,在采气时使用压缩机。在注气和采气时,都应该用到中心分离器。对注入的天然气进行分离,能够阻止管线中的灰尘和颗粒进入井筒,伤害和堵塞储层。采出的天然气经过分离器后,可以避免气藏中的沙子进入管线。这两种分离器都可起到保护压缩机的作用。

天然气处理系统主要是对气井采出气进行脱水、脱烃处理,防止天然气在长输管线中形成水化物或产生天然气提凝液冻堵管线,减缓对长输管线的腐蚀。地下储气库总是含有一定的水,有时水比较活跃。当管线中的干气注入地下以后,储层中的水就会蒸发到天然气中。天然气中含水太高就不符合管输要求,因此天然气采出后必须脱水。在实际应用中,所有储气库的中心脱水装置都是用乙二醇脱水器,比较经济,而且性能好,如果不遇到水流段塞,会一直正常运转。

管路系统主要是连接各系统的管路。

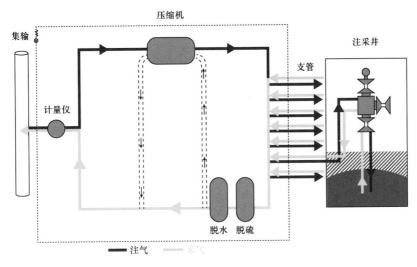

图 3 - 3 - 1 储气库地面工艺设施示意图

二、储气库地面站场风险评估技术

对储气库地面站场设施进行风险评估时,按照装置工艺功能划分为压缩机组、处理系统和管路系统三个评价单元,然后单元又划分子单元,如图 3 - 3 - 2 所示。

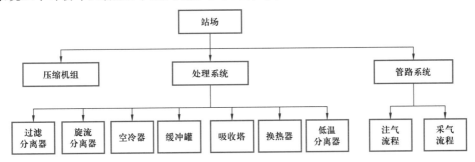

图 3 - 3 - 2 站场单元划分

(一)储气库站场设施风险因素识别

1. 压缩机组风险因素

压缩机组的主要风险是燃烧爆炸、振动危害、机械事故、机械伤害等,具体分析见表 3 - 3 - 1。

表 3 - 3 - 1 压缩机组主要风险因素分析

事故类型	风险因素分析
压缩机燃烧爆炸	(1)吸排气阀失灵,密封不严,造成天然气泄漏,引起着火爆炸; (2)轴封处天然气泄漏严重,引起着火; (3)阀门漏气,照明接头处短路,引起着火爆炸; (4)机组部件或连接管线腐蚀、疲劳断裂造成天然气泄漏; (5)温度、压力过高,积炭自燃; (6)误操作、违章作业导致燃烧爆炸; (7)因制造缺陷、管理不善引起燃烧爆炸

续表

事故类型	风险因素分析
压缩机振动造成的危害	(1)造成机组管线开裂或法兰连接件松动,引发天然气泄漏,可能造成燃烧事故; (2)造成仪表管线或连接处疲劳损坏,使仪表失灵,甚至损坏,引发机械事故等; (3)阀门密封件失效,从而引发天然气泄漏,可能造成燃烧事故; (4)振动大会引起拉缸、烧瓦; (5)振动大会增加机器的噪声,使操作人员工作条件恶化; (6)振动大会缩短机器的使用寿命等; (7)压缩机组安全阀固定不合适,压缩机的振动可能造成安全阀失效引发安全事故
压缩机发生机械事故造成设备损坏、人员伤亡或财产损失事故	由于设计、制造缺陷,安装不当,管理、维护不善,造成活塞杆断裂、气缸开裂、曲轴断裂、连杆断裂和变形、活塞卡住与开裂、机身断裂、烧瓦等机械事故
机械伤害	(1)设备运转部分防护不当或未设防护装置造成人员伤害; (2)由于设备运转部件断裂飞出或设备爆裂产生的物体打击事故

2. 天然气处理系统风险因素

天然气处理系统对于保障储气库的正常运行起到关键作用。主要包含分离除尘、脱水、冷却、制冷和换热等单元,包括过滤分离器、旋流分离器、空冷器、换热器、低温分离器、缓冲罐和吸收塔等承压设备。

压力容器的主要风险是容器爆裂或泄漏引发的安全事故。设计制造存在缺陷或长期运行后产生新的缺陷,导致容器承压不足或受外力冲击;焊接材料或焊接工艺不满足规范要求,造成脆性破坏;压力元件失效,承压能力不足;操作失误、压力温度与液位等检测仪表失效、安全阀失效、防雷与防静电设施失效等都可能引发容器爆炸,导致系统发生意外伤害事故。

3. 管路系统风险因素

地下储气库在生产过程中,注采管线受到交变应力的作用,增大了失效的可能性,是影响储气库风险的重要设备。管路系统主要风险包括管道发生天然气泄漏或爆裂、物体打击等,具体分析见表3-3-2。

表3-3-2 管路系统主要风险因素分析

事故类型	风险因素分析
天然气泄漏或管道破裂,引发火灾或爆炸事件	(1)设计、安装存在缺陷,承压能力不足,安装质量缺陷; (2)管道焊缝咬边等缺陷超标或存在未熔合、裂纹等焊接工艺缺陷; (3)管道腐蚀导致壁厚减薄,应力腐蚀导致管道脆性破坏; (4)系统出现故障或误操作导致管道压力骤然升高,超过设计压力; (5)管道的高低压分界点,因操作失误或阀门密封不严可能造成高压气窜入低压系统,引起超压
物体打击伤害事故	(1)操作阀门位置不对,阀杆窜出; (2)阀门质量有缺陷,阀芯、阀杆、卡箍损坏飞出; (3)带压紧固连接件,连接件突然破裂; (4)带压紧固压力表,压力表连接螺纹有缺陷导致压力表飞出
第三方破坏或自然灾害等造成管道破损	(1)管道周边的人类活动,如堆土、爆破、碾压等; (2)地质灾害、地震等自然灾害破坏

（二）数据收集与整合

管理者应该通过设计资料、施工资料、现场测量、调查、检测等方法采集风险评估所需要的分析评价数据和信息。信息主要是工艺信息和管理信息。数据主要包括设施属性数据、环境数据和运行管理数据。

工艺信息，主要是站场工艺流程图、注采气、脱硫脱水等工艺流程；管理信息主要是管理制度和工厂条件等信息。

设施属性数据主要指管道和设备的固有基础数据，多来源于设计和施工数据，例如压力、壁厚、直径、长度、温度、寿命、材质、热处理情况、输送介质、腐蚀余量等；环境数据主要指周边的地理信息、人文信息等；管理运行数据主要来源于管理，如阴极保护数据，振动监测、操作和维修维护数据等。

（三）储气库站场设施风险评估方法

储气库地面站场设施多而复杂，单一的风险评估方法可能无法有效进行站场设施评估，本章将定量风险评估方法与 HAZOP 方法相结合[12]，建立了储气库地面站场设施风险评估方法。该方法首先运用定量风险评价方法对站场工艺单元或设备进行风险排序，查找主要风险单元，或风险单元的主要风险设备或管路，并以此作为主要分析对象，有针对性地进行设备风险 HAZOP 分析，详细分析设备工艺过程危害，查找风险原因，并提出切实有效的控制措施，如图 3 - 3 - 3 所示。

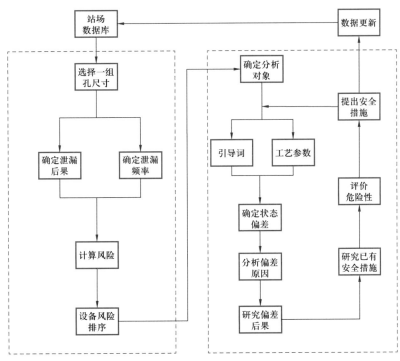

图 3 - 3 - 3 储气库地面站场风险评估流程

1. 孔尺寸的选择

评价中选用孔尺寸原则:泄漏孔径不大于设备或管道自身的直径,使用 4 个标准孔尺寸,即小(1/4in)、中(1in)、大(4in)和破裂,见表 3 - 3 - 3。例如,一根 1in 管道只有 1/4in 和破裂两个孔尺寸,因为最大可能的选择相当于 1in 孔尺寸。对于压力容器采用所有孔,往复式压缩机参照历史失效数据,只选用 1in 和 4in 孔尺寸。

表 3 - 3 - 3 评价所使用的孔尺寸

孔尺寸	范围(in)	代表值(in)
小	0 ~ 1/4	1/4
中	1/4 ~ 2	1
大	2 ~ 6	4
破裂	>6	部件整个直径(最大16)

2. 失效概率计算方法

地面站场设施失效概率的计算是通过采用通用失效概率数据,以及设备修正系数(F_E)和管理系统修正系数(F_M)两项来修改通用失效概率,计算出一个经过调整的失效概率,如图 3 - 3 - 4 所示,公式为:

$$概率_{调整} = 概率_{通用} \times F_E \times F_M \qquad (3 - 3 - 1)$$

式中   概率$_{调整}$——调整后失效概率,次/a;

         概率$_{通用}$——通用失效概率,次/a;

         F_E——设备修正系数;

         F_M——管理系统修正系数。

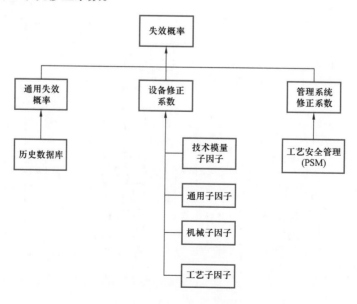

图 3 - 3 - 4 失效概率计算的流程图

其中,通用失效概率来自多种工业部门的设备失效历史数据的统计分析,采用 API 581—2016 提供的值,见表 3 - 3 - 4。设备修正系数通过辨别对设备失效概率有重要影响的特定条件而得出,这些条件通过划分可以归结为技术模量子因子、通用子因子、机械子因子和工艺子因子。而管理系统修正系数是根据具体的安全管理体系来判断其对通用失效频率或概率的影响,该系数区分了不同管理体系对设备安全状况的影响。

表 3 - 3 - 4 建议的通用失效频率

设备类型	泄漏频率(次/a)			
	¼in	1in	4in	破裂
离心式压缩机		1×10^{-3}	1×10^{-4}	
往复式压缩机		6×10^{-3}	6×10^{-4}	
塔器	8×10^{-5}	2×10^{-4}	2×10^{-5}	6×10^{-6}
过滤器	9×10^{-4}	1×10^{-4}	5×10^{-5}	2×10^{-6}
翅片/风扇冷却器	2×10^{-3}	3×10^{-4}	5×10^{-8}	2×10^{-8}
换热器,壳程	4×10^{-5}	1×10^{-4}	1×10^{-5}	6×10^{-6}
换热器,管程	4×10^{-5}	1×10^{-4}	1×10^{-5}	6×10^{-6}
0.75in 直径管子	1×10^{-5}			3×10^{-7}
1in 直径管子	5×10^{-6}			5×10^{-7}
2in 直径管子	3×10^{-6}			6×10^{-2}
4in 直径管子	9×10^{-7}	6×10^{-7}		7×10^{-8}
6in 直径管子	4×10^{-7}	4×10^{-7}		7×10^{-8}
8in 直径管子	3×10^{-7}	3×10^{-7}	8×10^{-8}	2×10^{-8}
10in 直径管子	2×10^{-7}	3×10^{-7}	8×10^{-8}	2×10^{-8}
12in 直径管子	1×10^{-7}	3×10^{-7}	3×10^{-8}	2×10^{-8}
16in 直径管子	1×10^{-7}	2×10^{-7}	2×10^{-8}	2×10^{-8}
16in 以上直径管子	6×10^{-8}	2×10^{-7}	2×10^{-8}	1×10^{-8}
压力容器	4×10^{-5}	1×10^{-4}	1×10^{-5}	6×10^{-6}
常压储罐	4×10^{-5}	1×10^{-4}	1×10^{-5}	2×10^{-5}

3. 失效后果计算方法

地面站场设施失效后果计算则包括 8 个步骤(图 3 - 3 - 5):(1)确定有代表性的流体及其性质;(2)选择一组孔尺寸,以得到在风险计算中结果的可能范围;(3)估计流体可能泄漏的总量;(4)估计潜在的泄漏速率;(5)确定泄漏类型,以确定模拟扩散和后果的方法;(6)确认流体的最终相态,是液态还是气态;(7)评估泄漏后果的响应和减缓系统;(8)确定潜在的受流体泄漏影响的区域面积或费用,即燃烧或爆炸、毒害、环境污染以及生产中断的后果等。

4. 风险计算

地面站场设施风险主要考虑设备破坏和人员伤亡两类风险,基本公式见式(3 - 3 - 2),其中孔尺寸代表泄漏的严重级别。设备破坏风险计算时失效后果取设备破坏面积,人员伤亡风险则取人员伤亡面积。

$$设备或管线风险 = \sum_{孔尺寸}（失效后果 \times 失效概率） \tag{3-3-2}$$

式中 设备或管线风险——设备或管线的破坏风险或导致的人员伤亡风险，m^2/a；

　　失效后果——设备破坏面积或人员伤亡面积，m^2；

　　失效概率——设备失效概率或人员伤亡概率，a^{-1}。

5. 风险评定

对于设备破坏和人员伤亡两类风险是否可接受，采用建立的风险矩阵来判断（图3-3-6）。失效后果和失效概率均分为五级，见表3-3-5。同时，从设备破坏、人员致死和营业中断三个方面进行经济评价。

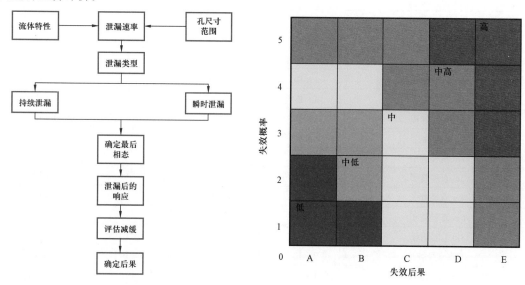

图3-3-5　失效后果计算流程　　　　　　图3-3-6　风险矩阵图

表3-3-5　失效概率与失效后果等级

失效概率等级	失效概率(a^{-1})	失效后果等级	可能性加权平均面积(m^2)
1	$<10^{-5}$	A	<1
2	$10^{-5} \sim 10^{-4}$	B	$1 \sim 10$
3	$10^{-4} \sim 10^{-3}$	C	$10 \sim 100$
4	$10^{-3} \sim 10^{-2}$	D	$100 \sim 1000$
5	$>10^{-2}$	E	>1000

评价单元破坏经济评价：

$$S = 评价单元破坏风险值 \times 每平方米的设备成本 \tag{3-3-3}$$

式中 S——评价单元破坏经济评价参数，元/a；

　　评价单元破坏风险值——评价单元内设备或管线破坏的风险，m^2/a；

　　每平方米的设备成本——评价单元内每平方米的设备评价成本，元/m^2。

人员伤亡经济评价：

$$R = 人员伤亡风险 \times 人口密度 \times 死亡赔偿金额 \qquad (3-3-4)$$

式中　R——人员伤亡经济评价参数，元/a；

人员伤亡风险——设备或管线破坏导致的人员伤亡风险，m^2/a；

人口密度——评价单元的人口密度，人/m^2；

死亡赔偿金额——当地人员死亡赔偿金额，元/人。

经营中断经济评价：

$$Y = 每天的损失 \times D \qquad (3-3-5)$$

式中　Y——经营中断经济评价参数，元；

每天的损失——中断期间每天的经济损失，元/d；

D——中断天数，$\lg D = 0.59\lg(10^{-6}S) + 1.21$，d；

S——评价单元破坏经济评价参数，元/a。

6. HAZOP 分析

根据定量风险排序结果确定重点分析对象，根据工艺流程和设备布置划分为合理的分析节点，选择引导词与工艺参数确定偏差，即引导词＋工艺参数＝偏差。然后对偏差的原因、后果、已有安全保护等项目进行综合分析，识别出所有可能导致隐患和操作性问题的原因，提出改进措施和建议，以彻底解决存在的安全问题。

三、储气库地面站场设施应用案例

应用该风险评估及控制技术，对某储气库注采气站进行了风险评估。

某分输站来的干气进入注采气站的进站阀组，经清管阀后进入注气装置，注气时，干气经注气装置增压后，经进站阀组的分配器分别输送至各集配气阀，经集输管网分别送至各注采气井井场，各井场经单井计量后注入储气井中储存。采气时，各井场来气接至进站阀组，再进入采气装置，脱水后送入输气干线。当出采气装置的气体压力低于输气干线压力时，将其送入注气装置增压后外输。注气工艺流程和采气装置流程如下：

注气工艺流程：从分输站来的天然气（4.5~7.2MPa，12~20℃）首先进入旋流分离器除去尘粒等机械杂质，再经过过滤分离器滤掉细小颗粒杂质后进入注气压缩机进行增压。压缩后的天然气经空冷器冷却，温度降至55℃左右，压力为8.5~17MPa，进入进站阀组。

采气装置流程：自进站阀组来的湿气（6.7~9.7MPa，23~43℃）首先进入过滤分离器，分离出液滴及杂质。分离后的湿气注入乙二醇溶液，再分两路进入干—湿气换热器的管程，与干气换热后，节流至8.8MPa。节流后气体温度满足外输气水露点要求时，直接进入低温分离器，分离出富乙二醇水溶液后，进入干—湿气换热器与进装置的湿气换热至18~38℃后出装置。节流后气体温度不满足外输气水露点要求时，进入丙烷制冷机组，冷却至-5℃时，进入低温分离器分离，再经干—湿气换热器换热后外输。

（一）站场设备数据采集

注采气站主要设备及管路相关信息见表3-3-6和表3-3-7。

表 3 - 3 - 6　西站主要工艺设备

设备名称	规格及参数	数量	使用位置
注气压缩机	最大处理量 $180 \times 10^4 m^3/d$;进口压力 4.5 ~ 7.6MPa,出口压力 8.5 ~ 17.5MPa	2 套	注气装置
过滤分离器	ϕ1200mm × 5000mm;设计压力 10MPa;设计最高温度 50℃;16MnR	2 台	
旋流分离器	ϕ1200mm × 4100mm;设计压力 10MPa;设计最高温度 50℃;16MnR	2 台	
压缩机出口缓冲罐	ϕ1850mm × 11000mm;设计压力 18.4MPa;设计最高温度 55℃;16MnR	2 台	
过滤分离器	ϕ1400mm × 5000mm;设计压力 10.78MPa;设计最高温度 50℃;16MnR	1 台	采气装置
换热器	ϕ950mm × 13752mm	4 台	
低温分离器	ϕ1200mm × 2mm × 6400mm;设计压力 10MPa;设计最高温度 -25℃;16MnDR	1 台	

表 3 - 3 - 7　西站主要管路信息

管路	管径(mm)	最大压力(MPa)	工作温度(℃)
管线 P2101	350	9.5	20
管线 P2102	250	9.5	20
管线 P2103	250	9.5	20
管线 P2104	350	9.5	20
管线 P2105	250	9.5	20
管线 P2106	250	9.5	20
管线 P2107	250	9.5	20
管线 P2108	300	9.5	20
管线 P2109	250	9.5	20
管线 P2110	250	10.0	20
管线 P2111	150	10.0	20
管线 P2112	200	17.5	55
管线 P2113	100	17.5	55
管线 P2114	250	17.5	55
管线 P2115	200	17.5	55
管线 P2116	200	17.5	55
管线 P2117	250	17.5	55
管线 P2118	250	17.5	55
管线 P2201	450	9.7	25
管线 P2202	300	9.7	25
管线 P2203	300	9.7	25
管线 P2204	300	9.7	3
管线 P2205	300	9.7	-5
管线 P2206	300	8.8	0
管线 P2207	300	8.8	-5
管线 P2208	300	8.8	-5

续表

管路	管径(mm)	最大压力(MPa)	工作温度(℃)
管线 P2209	300	8.8	20
管线 P2210	300	9.7	25
管线 P2211	300	7.0	5
管线 P2212	300	9.7	25
管线 P2213	300	7.0	5
管线 P2214	450	9.5	20
管线 P2215	300	9.5	20
管线 P2216	250	9.5	40

(二)失效概率的计算

针对站场的计划停机周期大于6年、地处1级地震区、冬季1月份平均气温2.4℃、工厂条件与工业标准相对、压缩机在线振动监测、泄压阀没有大量结垢、设备使用年份较短等情况,取其设备修正系数 F_E 为6;管理系统修正系数 F_M 考虑了设备及安全管理对装置机械完整性的影响,对13项设备管理、101个问题进行打分,根据总得分对照管理系统分值与修正系数的关系图,取管理系统修正系数为0.33。然后算出设备失效概率,如图3-3-7和图3-3-8所示。

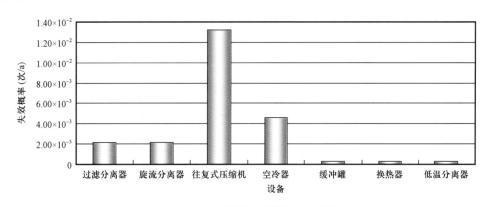

图3-3-7 设备失效概率对比图

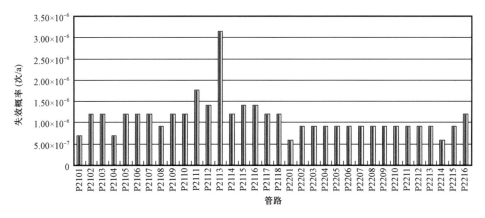

图3-3-8 管路失效概率对比图

从图3-3-7和图3-3-8中看到,设备失效概率远远大于管路失效概率;设备失效概率中最大的是往复式压缩机,其次是空冷器、过滤分离器和旋流分离器;管路失效概率最大的是P2113,其次为P2111。这主要是因为它们同类失效概率大、设备接管数多,导致其设备修正系数取值较大。针对这些高失效概率的设备和管路,应重点加强设备检验、监测和维护,及时更换可能失效设备,将失效概率降低到最低。

(三)失效后果的计算

由于输送介质为天然气,这里失效后果计算时介质相态为气态。对于储气库站场,天然气压力相对较大,高于声速转变压力,气体属声速流动。因此,采用声速流动状态下公式计算气体泄漏质量流量。针对站场的设备和管路,在此考虑非自动点火情况下失效后果的影响区域,以及消防水喷淋系统和监视器减缓系统下(后果区减小20%)对应的后果区面积。破裂情况下设备和管路的失效后果对比如图3-3-9和图3-3-10所示。

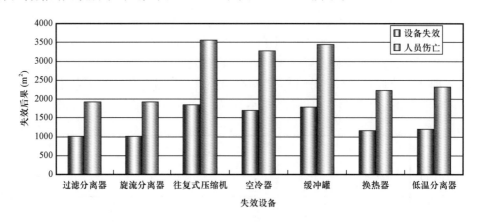

图3-3-9 破裂情况下设备失效后果对比图

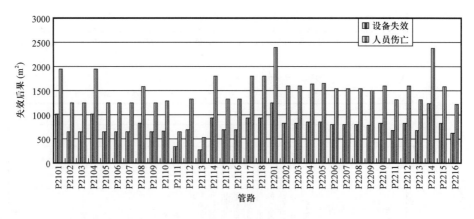

图3-3-10 破裂情况下管路失效后果对比图

通过对破裂情况下失效后果的对比,可以看出:设备失效后果中最大的是压缩机,其次是缓冲罐和空冷器;管路失效后果中最大是P2201、P2214,其次是P2101、P2104以及P2114、P2117和P2118。这主要是由经压缩机压缩后气体所进入的设备及管路压力比较高,以及设备和管路自身的结构和直径大小所决定的。针对这些高失效后果的设备和管路,应重点加强设备检验、监测和维护,及时更换可能失效设备,完备检测和消防设施,制定紧急事故预案,尽可能限制失效后果。

(四) 风险计算

各个系统的风险值结果和对比如图 3 – 3 – 11 至图 3 – 3 – 13 所示。

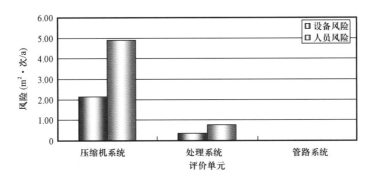

图 3 – 3 – 11　站场各单元风险

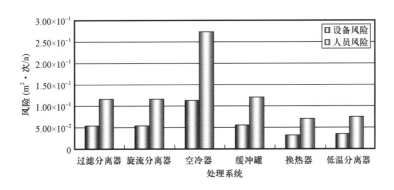

图 3 – 3 – 12　处理系统各设备风险

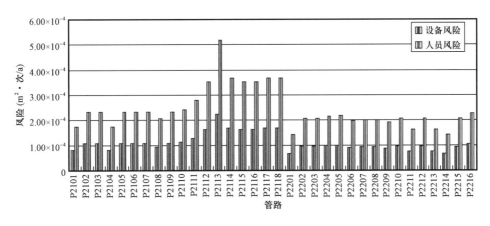

图 3 – 3 – 13　管路单元各管路风险

图3-3-11至图3-3-13中给出了各个设备和管路的风险值,这样就有了定量的和直观的风险排序,排序结果如下:

压缩机系统和处理系统风险远远大于管路系统风险,其中压缩机组风险最大;处理系统设备中空冷器风险最大,其次是缓冲罐(压缩机出口)、过滤分离器和旋风分离器;而管路系统带压的34条管线中,从压缩机出口到缓冲罐出口的管线P2112—P2118风险最大,其中P2113风险最大。

(五)风险评定

1. 风险矩阵图

将失效概率计算结果和失效后果(加权评价失效面积)显示在图3-3-14的矩阵图中,可以看出压缩机的风险为高风险,处理系统设备为中高风险,管路系统为中风险。

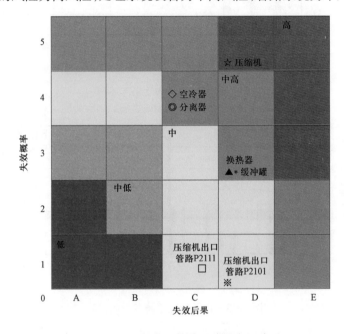

图3-3-14 设备和管路风险评定矩阵图

对设备的定量风险计算和风险评定被用作系统的优先性排序,然后进行站场完整性维护决策的优化,也就是一个系统优化问题。这样可以将设备的检验周期进行合理的调整,对高风险的设备缩短检验周期,而对低风险的设备适当延长检验周期,中高风险和中风险设备居中;针对风险的高低,应重点加强设备的监测、检验、巡查和维护,完备消防设施,并制定详细的紧急事故预案。

2. 经济评价

考虑设备的平均成本为500元/m^2,人口密度为0.01人/m^2,每个人的伤亡成本为100000元,其经济风险如图3-3-15至图3-3-17所示。按照设备破坏经济成本计算营业中断天数,如图3-3-18所示。由此可见,破裂情况下压缩机中断时间最长,为16天,其余设备和管路多为8~10天。

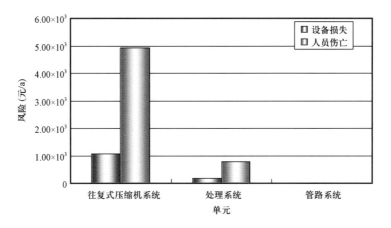

图 3 - 3 - 15　站场各单元经济风险

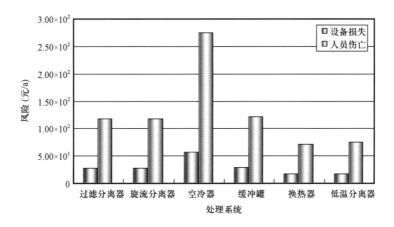

图 3 - 3 - 16　站场处理系统经济风险

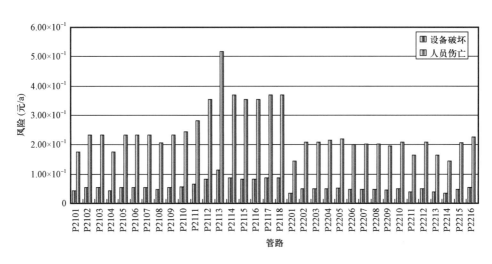

图 3 - 3 - 17　管路经济风险

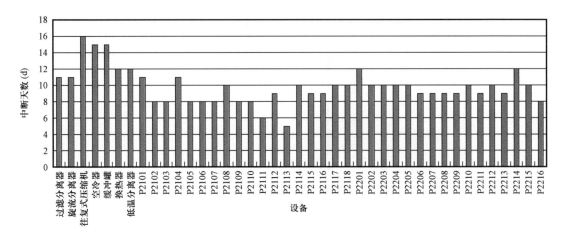

图 3 - 3 - 18　破裂情况下的设备中断天数

(六)HAZOP 分析

通过对设备和管路的风险排序,识别出了最危险单元或子单元,而对于高风险的单元或子单元的高风险因素,仍需要进一步开展详细的工艺和过程分析,识别出其主要风险因素,并根据高风险因素及其相关工艺提出切实的控制措施。因此,项目对风险排序的高风险单元及其工艺过程运用 HAZOP 方法进一步分析。

按照风险排序结果,针对远远大于管路单元风险的设备开展 HAZOP 分析。HAZOP 分析结果见表 3 - 3 - 8 至表 3 - 3 - 11。

表 3 - 3 - 8　压缩机 HAZOP 分析结果

偏差	原因	导致结果	安全控制措施
物料气流量无	(1)进气阀或出口阀关闭; (2)进气管路堵塞或破裂; (3)压缩机故障停机; (4)发送机故障停机	(1)管路中压力升高; (2)装置内无料进入	(1)流量显示和报警; (2)认真检查、修理或更换
物料气流量低	(1)进气阀未完全打开; (2)进气管路破损; (3)吸气受阻; (4)气阀泄漏; (5)活塞组件漏气; (6)填料漏气; (7)发动机转速不够	(1)影响装置效率; (2)影响下游	(1)流量显示和报警; (2)认真检查、修理或更换
物料气流量过高	(1)进气压力增加; (2)排气口压力降低	(1)气蚀; (2)产生振动	(1)流量显示和报警; (2)认真检查、修理或更换
物料气逆流	止回阀失效	降低效率或停机	认真检查、修理或更换

续表

偏差	原因	导致结果	安全控制措施
压缩机出口压力过高	(1)管路堵塞; (2)止回阀被封死; (3)气缸摩擦; (4)冷却系统故障; (5)压力表失准; (6)操作失误	(1)天然气泄漏; (2)阀体失灵	(1)压力报警; (2)气体报警
压缩机出口压力过低	(1)气缸泄漏; (2)气阀泄漏; (3)填料泄漏; (4)进气阀未完全打开; (5)增级管路泄漏; (6)压力表失准; (7)操作失误	(1)天然气泄漏; (2)引起管路振动	(1)压力报警; (2)气体报警; (3)加强操作培训,增强责任心
压缩机出口温度过高	(1)气缸摩擦; (2)环境温度高; (3)润滑不良; (4)冷却系统故障; (5)温度计失准	(1)压力升高; (2)阀体失灵	(1)温度显示和报警; (2)改善压缩机冷却系统; (3)降低环境温度; (4)认真检查、修理或更换
压缩机出口温度过低	(1)冷却系统故障; (2)温度计失准; (3)压缩机效率降低	管路凝析	认真检查、修理或更换
压缩机油压过高	油压调节阀失灵	(1)油温升高; (2)气体膨胀	(1)压力显示; (2)认真检查、清洗、维修或更换
压缩机油压过低	(1)油管破裂或连接法兰有泄漏; (2)滤油器堵塞; (3)油箱内油量不足; (4)油压调节阀失灵	(1)油温升高; (2)气体膨胀	(1)压力显示; (2)认真检查、清洗、维修或更换
压缩机油温度过高	冷却系统故障	(1)温度升高; (2)润滑失效	(1)温度显示; (2)认真检查、调节冷却系统
压缩机油温度过低	冷却系统故障	(1)损耗加大; (2)引起振动	(1)温度显示; (2)认真检查、调节冷却系统
油箱液位过低	(1)油路堵塞; (2)油压低; (3)油量不足	油温升高	(1)液位显示; (2)增加油量; (3)调节油压

续表

偏差	原因	导致结果	安全控制措施
压缩机振动过大	(1)管路振动; (2)发动机振动; (3)连接组件松动; (4)过度磨损; (5)工艺和压缩机匹配; (6)气阀弹簧故障; (7)操作失误	(1)管路泄漏; (2)阀体失效	(1)振动报警; (2)采取消振措施; (3)合理设计工艺; (4)认真检查气阀弹簧及更换; (5)加强培训
压缩机轴承温度过高	(1)润滑质量下降; (2)杂质	(1)轴承磨损; (2)引起振动	(1)温度显示和报警; (2)及时更换
压缩机填料温度过高	(1)填料磨损; (2)活塞杆磨损、拉伤、偏磨	(1)油温升高; (2)气体膨胀	(1)温度显示和报警; (2)检查填料与活塞匹配; (3)检查活塞杆,及时维修和更换
转速过高	驱动转速增加	(1)影响气阀寿命; (2)增加气缸组件磨损; (3)温度升高	(1)转速显示和报警; (2)驱动机匹配
转速过低	(1)驱动机故障; (2)传送故障	(1)排气量降低; (2)润滑效果降低	(1)转速显示和报警; (2)认真检查和维修

表 3-3-9 空冷器 HAZOP 分析结果

偏差	原因	导致结果	安全控制措施
温度过高	(1)来料温度高; (2)环境温度高; (3)旁路阀误开; (4)散热效果差	温度过高	(1)温度检测; (2)清理污垢; (3)增加空冷装置
温度过低	(1)来料温度低; (2)环境温度低; (3)温度计失准	管路凝析、堵塞	(1)温度报警; (2)降低空冷效率; (3)增加伴热装置

表 3-3-10 缓冲罐 HAZOP 分析结果

偏差	原因	导致结果	安全控制措施
无流量	(1)进气阀或出口阀关闭; (2)管路堵塞或破裂	(1)管路中压力升高; (2)装置内无料进入	认真检查、修理、更换
流量过高	进气阀或出口阀失效	(1)气流不稳; (2)气液未完全分离	(1)压力或流量检测; (2)认真检查、修理、更换
流量过低	(1)进气阀或出口阀部分关闭; (2)管路部分堵塞或破裂	影响下游	(1)压力或流量检测; (2)认真检查、修理、更换

续表

偏差	原因	导致结果	安全控制措施
压力过高	(1)出口阀关闭; (2)安全阀封死; (3)压力表失准	罐体破裂或爆炸	(1)有超压保护(安全阀进行放空); (2)压力报警; (3)认真检查、修理、更换
压力过低	(1)进气管路破裂; (2)装置因腐蚀等原因泄漏	装置中物料少	(1)压力显示; (2)认真检查、修理、更换
液位过高	(1)排污阀堵塞; (2)人为误操作关闭排污阀; (3)液位测量故障	(1)效率降低; (2)堵塞出口阀体或管路,影响下游装置	(1)液位报警; (2)更换过滤网; (3)认真检查,加强责任心
安全释放系统	(1)闸阀失效; (2)安全阀失效	(1)装置压力增高,引起罐体破裂或爆炸; (2)影响下游装置	认真检查、维修或更换,加强责任心

表3-3-11 过滤和旋流分离器 HAZOP 分析结果

偏差	原因	导致结果	安全控制措施
无流量	(1)进气阀或出口阀关闭; (2)进气管路堵塞或破裂; (3)开工时装置关闭	(1)装置内无料进入; (2)影响下游	(1)压力显示; (2)认真检查,理理或更换
流量过高	(1)进入系统原料气过多(由上游装置导致); (2)进气阀或出口阀失效	(1)压力波动; (2)产生振动	(1)压力检测; (2)认真检查
逆流	装置压力升高,出口阀关闭和安全阀失效	效率降低	(1)压力显示; (2)有止回阀; (3)认真检查、修理、更换
压力过高	(1)出口阀关闭; (2)安全阀封死; (3)压力表失准	(1)气体泄漏; (2)罐体破裂或爆炸	(1)有超压保护(安全阀放空); (2)认真检查、修理或更换
压力过低	(1)进气管路破裂; (2)装置因腐蚀等原因泄漏	装置中物料少	(1)压力显示; (2)认真检查、修理或更换
温度低	环境温度过低	管路中可能形成水合物	保证物料气为干气或设伴热装置
高液位	(1)排污阀堵塞; (2)人为误操作关闭排污阀; (3)过滤器滤网堵塞; (4)液位测量故障	(1)效率降低; (2)堵塞出口阀体或管路,影响下游装置	(1)液位报警; (2)更换过滤网; (3)认真检查,加强责任心
安全释放系统	(1)闸阀失效; (2)安全阀失效	(1)装置压力增高; (2)影响下游装置	认真检查、维修或更换,加强责任心

（七）风险控制措施

通过此次西站风险评价发现,压缩机的风险最高,处理系统设备居中,管路系统最低。因此,应在正常巡检和维护的基础上提高危险设备巡检频率,密切关注高风险设备运行情况。根据风险评价结果和风险管理原则提出以下几点控制措施:

（1）针对压缩机、空冷器和缓冲罐,由于其风险和失效后果较高,应重点加强设备监测和设备检验,完备检测和消防设施,制定针对该设备详细的紧急事故预案。

（2）针对高失效概率设备往复式压缩机、空冷器、过滤分离器和旋流分离器,应重点加强设备监测、巡检和维护,及时更换可能失效设备,将失效概率降到最低。

（3）针对高风险管路 P2112—P2118 及高后果管路 P2201、P2101 和 P2104 应重点进行管道定期检测,及时修补和更换问题管段,修复涂层和防腐层损伤,维护管道附属设施,检查阴极保护电位,确保管道安全运行。

（4）加强人员操作培训和安全意识,对高风险设备区域要增加明显安全标示,以及安全操作流程和安全守则宣传栏。

（5）针对风险排序结果,合理调整站场设备的检验周期,对高风险的设备应缩短检验周期,而对低风险的设备适当延长检验周期。

（6）通过 HAZOP 分析结果,可以增设相关安全关联装置和安全保护装置。

第四节　地下储气库注采管道风险评估

一、国内外管道风险评估现状

天然气地下储气库作为储存天然气的方式之一,在天然气的应急调峰中能够起到关键作用,是保障长输天然气管道平稳安全供气的重要手段。由于天然气具有易燃、易爆和具有毒性等特点,且储气库距离城市较近,因此地下储气库及其设施的安全问题不容忽视。地面注采管道作为储气库配套设施,起到集配气阀组、站场与气井间输送天然气的重要纽带作用,是保障储气库平稳供气的重要环节,其安全运行影响整个储气库的平稳供气。储气库地面注采管道具有点多、线多、涉及面广、沿线条件不同、双向输送、多处并行敷设等特点,对于注采管道国内外风险评价手段也各有不同,如何针对其特点合理地进行风险评价已经成为一个重要问题。

管道的风险评价与其他装置的风险评价有所不同,由于管道各段工作条件的多样性,整条管道各段的风险程度也不同。因此,对管道进行风险评价,必须制定一种指标来划分管段,管段一般按几个状态特征划分,即人口密度、土壤条件、防腐层状况、管道使用年限等,并要考虑这些因素的重大变化以及评价的成本、初始和期望的数据精度,综合确定合适的分段数。管道风险评价技术分为定性风险评价技术、定量风险评价技术和半定量风险评价技术,各种技术都有各自的特点和适用性。定性风险评价技术不需要复杂的概率统计计算,是将统计数据和专家意见综合在一起而形成的风险评估方法,是一种简单、直观和易于推广的实用方法。定量风险评价也称为概率风险评价,可用于风险、成本、效益分析,它必须建立完整的数据库管理系统,掌握裂纹缺陷的扩展规律和钢材的腐蚀速率,运用确定和不确定的方法来建立评估的数学模型,然后采用分析技术求解。半定量风险评价是以风险的数量指标为基础,对识别到的事故所产生的损失后果分配一个指标,对事故发生概率分配另一个指标,然后将事故概率和严重程度的指标进行综合,从而形成一个相对风险指标[13]。

注采管线不同于油气长输管线,其附属设备众多,注采管线风险影响因素(管网规划、管道设计、第三方破坏等)也较长输管线多,而且地理环境各不相同,油田、储气库、炼化厂均敷设有大量注采管道,特性也有所不同,如何完善注采管道风险评价的效用性、准确性和科学性成为急需解决的问题。国内从事管道风险评价的研究始于 20 世纪 90 年代中期,研究人员依托 W. K. Muhlbauer 的《管道风险管理手册》即指数评分法,对油气输送管道系统的各部分可进行快速风险评价和排序,也可作为风险控制和风险管理的依据。它比较容易掌握,易于工程应用与推广,利用大量完整可靠的管道建设运行数据库,归纳出各影响因素的分值,提出了一系列切实可行的用于油气长输管线的评价方案,促使油气长输管道的风险评估技术发展迅速。鉴于我国目前的注采管道管理和运行体制,对事故可能影响因素和控制措施以及事故后果严重度的评价更应考虑我国的价值取向,对社会、政治、经济等多方面因素进行综合分析后才能最终评定[14]。

因此,在长输管道风险评分法的基础上,需结合注采管道特有性质和运行工况,建立适用于储气库拟建、在建和在役的注采管线初步风险评价,以达到识别管道沿线高风险后果区域、确定风险动态排序、策划事故应急方案的作用,指导管道运营、改建、维护等安全管理工作。

二、管道事故统计和原因分析

(一)欧洲管道系统事故统计和原因分析

在 1998—2007 年的欧洲燃气管道事故原因统计(图 3 - 4 - 1)中,第三方破坏占 52%,材料缺陷占 17%,腐蚀占 14%,地表移动占 6%,抢修错误占 5%,其他占 6%,外部干扰、材料缺陷、腐蚀列前三位。其中,1998—2002 年欧洲输气管道事故频率平均为 0.575 次/(1000km·a),由于在防止气体泄漏事故的管理、监督、施工和技术措施等方面所取得的成就,事故频率逐年下降,1998—2004 年为 0.381 次/(1000km·a)[15]。

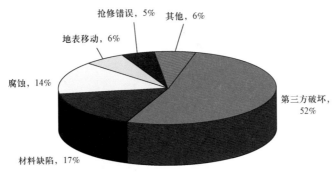

图 3 - 4 - 1 1998—2007 年欧洲燃气管道事故原因统计

第三方破坏是导致气体泄漏的主要原因,其次是材料缺陷,这与管道建设年代有关,1993 年以前建设的管道,因材料缺陷的事故频率相对较高,由于提高了建设标准以及严格的检测和试压,以后的失效频率逐渐降低。

（二）美国管道系统事故统计和原因分析

1998—2004 年,美国天然气长输及注采管道共发生了 5847 次事故,年平均事故 402 次,事故率为 0.72 次/(1000km·a)。在引起事故的原因中,外部干扰占 53.3%,材料缺陷占 16.7%,腐蚀占 16.8%,结构占 5.7%,其他占 7.5%(图 3 - 4 - 2)。外部干扰、材料缺陷、腐蚀是造成天然气管道损坏的几个主要原因。2005—2007 年美国输气管道共发生 789 起失效事故,在所有失效事故中,外力、腐蚀、设备和操作是造成失效的主要原因。外力是第一位的,约占失效总数的 43.6%;其次是腐蚀,占 22.2%;设备和操作原因居第三位,占 15.3%;焊接和材料缺陷引起的失效事故较少,约占 8.5%。对于海底管道,腐蚀尤其是内腐蚀造成的失效事故引人注目。以上几组数据都说明,在美国的管道事故中,外力损伤(含第三方损伤、地震、洪水等)和腐蚀是主要原因[16]。

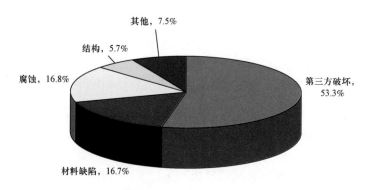

图 3 - 4 - 2　1998—2004 年美国天然气管道及注采管道事故原因统计

（三）我国管道系统事故统计和原因分析

据初步统计,我国在 2003 年 3 月到 2008 年 1 月,城市天然气管道输送系统事故(不包括室内天然气泄漏、爆炸)共有 71 起,第三方破坏占 45.1%(32 起),腐蚀占 28.2%(20 起),误操作占 21.1%(15 起),设备问题占 5.6%(4 起)(图 3 - 4 - 3)。事故涉及 39 个市县,有的城市发生事故多起。事故发生后,轻则使燃气、电力供应及相关生产中断,人们正常生活、工程施工受到影响;重则几百上千人员疏散,甚至发生火灾、爆炸事故,导致人员伤亡[17]。

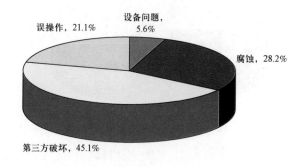

图 3 - 4 - 3　2003—2008 年我国城市天然气管道事故原因统计

由图 3 - 4 - 3 可以看出,引起国内管道事故的主要原因是第三方破坏和腐蚀,误操作也是管道失效事故发生原因之一(例如,大连漏油事件发生原因即为管道误操作)。

外部干扰主要指因外在原因或由第三方的责任事故以及不可抗拒的外力而诱发的管道事故,其发生频率与管道直径、壁厚和管道埋设深度有着密切关系,因为管径越小,管道的埋设深度越小,管壁厚度越小,管道越容易在第三方施工作业过程中被破坏。随着大直径、高强度钢的使用,管道事故率逐年下降[18]。

腐蚀可能使管道壁厚大面积减薄,从而导致管道过度变形或破裂,也有可能直接造成管道穿孔或应力腐蚀开裂,引发漏气事故。引起腐蚀的主要原因也很多,如管道输送介质、土壤腐蚀性、防腐层状况、阴极保护状况等,任何一方面出现问题都可能使管道发生腐蚀。

在管道运行和维护过程中,由于人为操作不当造成的失误会产生直接的管道故障或者间接的事故隐患,主要原因为员工操作不当、生产培训不到位和监察管理不够等。

三、风险因素识别

能够导致管道失效的风险因素很多,经事故调查研究表明,注采管线失效的风险因素主要包括以下 6 类,详见表 3 - 4 - 1。

表 3 - 4 - 1　管道失效风险因素

风险因素		影响因素
腐蚀	外腐蚀	防腐层种类和状态、阴极保护水平、土壤腐蚀性
	内腐蚀	清管周期、运行温度、介质腐蚀性、流动状态
	应力腐蚀开裂	土壤环境,管道材质,外涂层损坏、阴极保护无效
制造缺陷	管体缺陷、管焊缝缺陷	生产工艺,焊接工艺
设备缺陷	垫圈缺陷,控制/泄放阀缺陷,密封、泵体缺陷	监管控制周期、维护及时性
第三方/机械破坏	第三方活动损伤、人为故意破坏	附近建造/挖掘活动程度,管线埋深、沿线标识,巡线频率
误操作	不正确操作	员工素质、生产培训、监管控制
自然灾害	地层移动	地质活动、水冲击

(一)腐蚀

腐蚀对管道的影响十分严重又十分复杂,是风险评价的重要考虑因素。在输气管道的运行寿命期间,腐蚀是使管道从安全走向失效的重要因素之一。在各国的事故统计中,因管道腐蚀而发生的管道事故占有很大的比例。储气库注采管线所处的土壤腐蚀性起到了电解质的作用,维持着电化学反应环境,容易发生腐蚀,主要类型包括外腐蚀、内腐蚀和应力腐蚀开裂。它们反映了管壁可能接触到的一般环境类型。主要影响因素包括防腐层种类和状态、阴极保护水平、土壤腐蚀性、清管周期、运行温度、介质腐蚀性和流动状态等。

(二)制造缺陷

管道在生产过程中由于生产工艺的失误或者生产人员的操作不当产生的缺陷,也会影响管道在服役中的安全运行。主要影响因素为生产工艺和焊接工艺。

（三）设备缺陷

管道附属设备的问题,如垫圈缺陷、控制/泄放阀缺陷、密封和泵体缺陷等都会影响管道的正常运行,甚至会引发事故。主要影响因素为监管控制周期和维护及时性。

（四）第三方/机械破坏

第三方指非管道公司职工。第三方破坏不是指第三方对管道实施的故意破坏,而是第三方在从事其他活动过程中由于不了解管道在地下的准确位置或无视输气管道的危险性所引起的管道损坏。在事故统计中,由于该种破坏导致的管道事故占很大比例。管道遭受第三方破坏的可能性大小主要取决于管道周围可能的侵扰因素、侵扰方接近管道的难易程度以及地面活动的活跃程度。可能的侵扰因素包括各种挖掘设备、机动车道、地震作用、电话线及电桩等。影响侵扰方接近管道的难易程度的因素有覆盖层厚度、覆盖层的性质(泥土、石块、混凝土等)、人为障碍(围栏、堤坝、沟渠等)、有无管道标志、管道路况、巡线频率等。地面活动的活跃程度主要取决于人口密度、附近的建设活动、通信情况、火车或机动车的通过量等。

（五）误操作

风险中的一个最为重要的问题就是人为造成失误的潜在可能性。在生产过程中,任何一点上小小的错误均会在系统中留下发生事故的隐患。主要影响因素为员工素质、生产培训和监管控制。

（六）自然灾害

在某种特定状况下,管道可能受到由于土壤移动所产生的应力影响,这些移动可能由于地震引发具有突然性,也可能是缓慢地壳运动造成的长期变形,都会引起管道的失效。主要影响因素为地质活动和水冲击。

四、地下储气库地面注采管道风险评估方法研究

（一）油气管道风险评分法的特点

油气管道风险评分法通过对引起管线失效的各因素进行评分,结合管线失效后果,形成一个相对风险指标来表示风险程度。该方法具有以下特点:

（1）适应管道特点且便于应用。该方法对管道的各种危害因素及事故后果按不同权重分配指标,根据管段情况逐项评分,综合形成一个总的相对风险分,按其值的大小评定管道的相对风险高低。它较全面地考虑了管道实际危害因素,集合了大量事故统计数据和操作者的经验,所得结论可信度高;又避免了对事故概率等数据的要求,便于掌握和了解。

（2）存在一定主观性因素的影响。各项因素指标的权重反映了该因素对管道风险的影响大小。虽然评分指标的权重及范围界定是根据大量事故统计数据和管理及操作人员的实际经验综合确定的,但终究是人为制定的。评分时,对管段如何划分、各项因素的权重分配等由人为制定。参加人员打分高低也有一定的主观性。

（3）评价结果的相对性。各管段风险评价的结果为相对风险分,风险分值越大,表示风险

越小,管道安全性越好。但它只有相对意义,不能量化管道事故率及后果的严重程度。因此,只是一种半定量的评价方法[19]。

（二）注采管道与长输管道的区别

对于注采管道的风险评估,由于该方法不与具体的管道运行工况相联系,使用结果往往与实际情况有较大偏差[11]。究其原因,在于长输管道与储气库注采管道有以下明显差别:

（1）管道结构和规划不同。注采管道与长输管道相比,具有点多、线多、长度较短、涉及面广、沿线条件不同、双向输送、多处并行敷设等特点,且具有管径不同、穿越、并行等特殊状况,同时存在多种危害因素及事故可能性,情况较为复杂。长输管道一般具有长运程、大口径、高压力、沿线环境多变、易遭受第三方破坏等特点,可比性强,线路情况相对简单。

（2）管道所处自然条件不同。长输管道通常敷设在野外,地表覆盖层通常为泥土,遭受自然灾害的侵害较大,周边环境的改变通常为平滑过渡,容易把握,且杂散电流影响较小。注采管道周边环境复杂,地表覆盖层有泥土、水泥、沥青路面等多种,由于接近城市,环境的改变有时为突变。另外,杂散电流干扰很普遍且严重。

（3）管道管理体系不同。长输管道有完备的管理体系,其日常管理侧重于阴极保护,发现电位异常时即开始整改。注采管道管理相对薄弱,日常管理侧重于巡线检漏,即使发现问题,由于涉及市政管理诸多方面,处理手续较为繁杂,隐患往往无法及时消除。

（4）管道检测维护方式不同。注采管道变径频繁,阀门弯头等管件密布,难以使用智能清管器进行检测,管理相对被动,往往是接到泄漏报警后才进行漏口修补,属于事后维护。而国内外很多长输管道已经建立了完善的管理体系,其维修检测侧重于各类外检测和智能清管器在线内检测,能及时发现管道系统中的缺陷,便于进行预知性维护。

（5）长输管道通常为一次同期建成,有完备的勘察设计、施工监理、竣工验收程序,质量相对均衡且缺陷较少。注采管道则随着油田、储气库、炼油厂等建设的进展逐步形成,且不断拓展。由于投资来源复杂,设计、施工和验收标准往往参差不齐,质量缺陷相对较多。

（三）评分体系修正

对于注采管网,适用于长输管道的 Kent 法所罗列的影响因素并不能完全满足注采管道的需要,大部分可以借鉴,不适用的依靠调整参数值来满足需要。

（1）风险评分法中四类风险指数总分均为 100 分,这其实是默认这四种风险因素发生的概率相同,而实际情况并非如此,实际打分时应结合具体情况通过对评价管道进行历史事故资料收集和咨询专家建议等方式,确定管道的风险因素权重分配。因此,最终相对风险值应由式(3-4-1)计算得出:

$$V = \frac{\sum w_i x_i}{l} = \frac{wx}{l} \qquad (3-4-1)$$

式中　V——相对风险值;

　　　w——相对权重,为各项权重/25%;

　　　x——一级指数因素分值;

　　　l——泄漏影响指数。

（2）风险评分法中对于单号呼叫系统设置了较大分值，且包括法律要求设置、系统的有效性和可靠性已得到证实、通过广告宣传等手段使公众知道系统、系统满足美国公用设施定位委员会（ULCCA）D 的最低要求、接到电话应采取适当措施等评分项。国内对 ULCCA 标准和有效性及可靠性记录等因素未执行，且未采用单号呼叫系统的称谓，于是根据实际情况，修改为报警系统且附加三项影响因素，即法规的建立和完善、广泛宣传和对报警的恰当回应。

（3）风险评分法腐蚀指数的密间隔测量对于长输管线很适用，由于注采管线往往很短，且三通、弯头、阀门等附属设施较多，对于风险管理手册这两项打分指标较不实用，故将这两项打分指标删去，将其分值分配到更具影响性的打分项，如防腐层状况和土壤腐蚀性等。

（4）误操作指数中毒品检查是美国政府法规要求的一个必要环节，而在国内没有此项规定，故删去。此外，对很多表述词语进行了修正，如包覆层、连接、产品等，改为防腐层、焊接、介质等国内管道行业术语。

（5）Kent 法中对于公共教育中的有些因素也不适合我国国情。经适当修改，最后提出三项影响因素，即与地方政府会晤、居民保护意识和宣传力度。

（6）腐蚀影响因素打分项的管道内检测器对于长输管线很适用，但在注采管线中管道内径变化频繁，阀门、弯头等数量很多而并没有采用内检测，故将此因素去除。

（四）风险因素权重的选择

注采管线风险因素间权重的选择，是风险评价中关键的环节。其选择的恰当与否，直接影响到综合评判的结果。对于不同的注采管线或同一管线不同运行阶段，各种因素的权重值也不一定相同。通常采用专家调查法，把在评判问题或决策问题中要考虑的各因素，由调查人员对该区域或类似区域管线历史事故案例按照失效原因进行分类和统计，或者在本专业内聘请专家对各种因素的重要程度做出选择。最后，由调查人员汇总，根据各级因素的统计规律计算并确定出重要系数。这种基于数据统计的权重调整，可以更为准确地评价管道的风险，更好地体现我国管道的真实情况[20]。

1. 风险评分法的评价思路

首先，依照一些特定属性把管线系统分成几个管段；再将管道危害因素分为第三方损失、腐蚀、设计因素、误操作四个方面。每方面再细化为若干项，并从记录、与操作人员访谈中搜集相关数据，按规定对细化因素逐项评分，按其权重后的总和为危害因素总分。得分越高，表明危险性越小。再综合管道事故泄漏后果的危害程度求得泄漏影响指数。管道事故危害程度越小，泄漏影响指数越小。两者相除求得相对风险数，评价思路如图 3 - 4 - 4 所示。相对风险数的值越大，表示相对风险越低，管道安全性越好。

$$相对风险指数 = 危害因素指标分之和 / 泄漏影响指数$$

但应注意相对风险指数只有相对意义，它不能表示管道风险绝对值的大小。

2. 风险评分法的模型

风险评分法的评估过程共分成管段划分、数据采集、实施评价、评价结果分析和提出控制措施四个步骤。

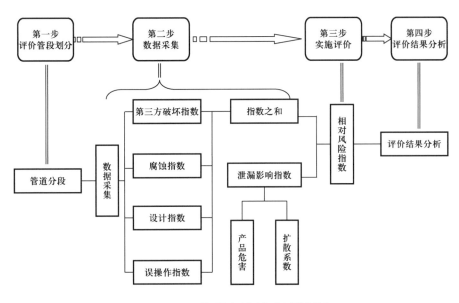

图 3 - 4 - 4 管道风险评分法评价框图

1）管段划分

风险评价的第一步是进行管段划分，把管线系统分成几个管段。管段大小常常取决于运行条件的变化，搜集资料的费用/维护费用以及增加准确性的效益。通常长输管道分段会依照一些特定属性，如人口密度、土壤腐蚀情况、包覆层状况、管道使用年限、穿跨越等来进行分段。

2）数据采集

风险评价的第二步是进行数据收集，找到风险评估所需要的数据并进行权重分配和整理，根据收集到的数据对每一种风险因素计算其失效指数，并将四个失效指数相加得到管道总的失效指数，根据输送介质的危险性及影响程度的大小综合评定得出后果指数[21]。油气管道风险评价时在进行风险分析前需要收集相应管道的设计、施工、运行状态、涂层、土壤腐蚀性、维修规范和环境等资料。将整条管道根据人口密度、土壤条件、地质情况、防腐层状况、管道服役年限、外部气候条件等划分为若干管段，每一管段的特性要尽可能一致，并且可以当作独立单元处理。造成管道失效的主要原因有第三方破坏、腐蚀、设计和误操作，其中腐蚀和第三方破坏是造成管道失效的最主要原因。

（1）第三方破坏。

第三方破坏的影响因素包括管道最小埋深、地面活动程度、地面设施、公众教育水平、报警系统、管道用地标志、巡线频率7个方面，共11个评分指标（表3-4-2），总计分值在0~100分之间。分值越低，说明出现第三方破坏的概率越高；反之，则说明出现第三方破坏的概率越低。

（2）腐蚀。

腐蚀对管道的影响十分严重且十分复杂，是风险评价的重要考虑因素。在输气管道的运行寿命期间，腐蚀是使管道从安全走向失效的重要因素之一。管道腐蚀大体分为大气腐蚀、内腐蚀和埋地金属腐蚀，它们反映了管壁可能接触到的一般环境类型。因此，在腐蚀风险评价中主要考虑大气腐蚀、内腐蚀和埋地金属腐蚀。内腐蚀的风险大小与介质腐蚀性的强弱及内防腐措施有关,它包括管输介质腐蚀、内防腐层及其他措施。埋地金属腐蚀是管道腐蚀破坏的主要因素,它包括阴极保护、管道外涂层、土壤腐蚀性、其他金属埋设物、干扰电流、应力腐蚀等。全部腐蚀风险因素共计 12 个评分指标(表 3-4-3)。

表 3-4-2　第三方破坏指数因素分类表

一级指数因素		二级指数因素		三级指数因素
名称	序号	名称	序号	
第三方破坏指数	1	管道最小埋深	1.1	略
		地面活动程度	1.2	
		地面设施	1.3	
		报警系统	1.4	
		公众教育水平	1.5	
		管道用地标志	1.6	
		巡线频率	1.7	

表 3-4-3　腐蚀指数因素分类表

一级指数因素		二级指数因素		三级指数因素
名称	序号	名称	序号	名称
腐蚀指数	2	大气腐蚀	2.1	设施
				大气类型
				防腐层状况
		内腐蚀	2.2	介质腐蚀
				管道内防护
		外腐蚀	2.3	阴极保护
				外防腐层状况
				土壤腐蚀性
				管道运行年限
				并行管道
				电流干扰
				应力腐蚀

(3)设计。

原始设计与管道的风险状况密切相关,设计过程中产生的问题不仅会对管道结构产生功能影响,而且还可能对其他风险因素的产生和发展起到加速作用。在最初设计时为了简化计算,设计人员会采用一些简化模型和假设来选取一些参数,忽略了许多不确定性因素的存在,这与实际情况有差异,而这些差异将会直接影响管道的风险状况。因此,设计本身给管道留下的风险隐患是很难避免的。设计指数因素包括管道安全系数、系统安全系数、疲劳、水击可能性、水压试验和土壤移动 6 个评分指标(表 3-4-4)。

表 3 - 4 - 4 设计指数因素分类表

一级指数因素		二级指数因素		三级指数因素
名称	序号	名称	序号	
设计指数	3	管道安全系数	3.1	无
		系统安全系数	3.2	
		疲劳	3.3	
		水击可能性	3.4	
		水压试验	3.5	
		土壤移动	3.6	

（4）误操作。

误操作是风险的一个重要方面。根据美国统计，在所有灾害中，由于人的误操作造成的灾害占62％，而其余38％为自然灾害[18]，可见误操作发生事故的概率并不小，而且误操作带来的后果往往十分严重。因此，在输气管道的风险评价中，误操作是最重要的风险因素之一。误操作包括设计误操作、施工误操作、运行误操作和维护误操作，共计 20 个评分指标，详见表 3 - 4 - 5。

表 3 - 4 - 5 误操作指数因素分类表

一级指数因素		二级指数因素		三级指数因素
名称	序号	名称	序号	名称
误操作指数	4	设计	4.1	危险识别
				达到最大允许操作压力（MAOP）的可能性
				安全系统
				材料选择
				检验
		施工	4.2	施工现场监督
				材料
				焊接
				回填
				搬运
				涂层
		运行	4.3	工艺规程
				SCADA/通信
				安全计划
				检查
				培训
				机械失误防护措施
		维护	4.4	文件编制
				计划
				维护规程

泄漏影响系数又称为风险系数(LIF),是用来衡量管输介质的易燃易爆性、有毒性、当时性危害、燃烧性、反应性,以及管道发生事故、出现泄漏对沿线人口、生态环境等造成的急性、长期性危害,是对管道发生穿孔或爆管引起天然气外泄后所造成各种损失后果的评估。管输介质意外泄漏可能造成的损失后果是由管输介质的危害性和泄漏点周围的环境决定的。因此,按照管道风险评价的国际惯例,泄漏影响系数评分标准是建立在管输介质危害性和扩散系数这两类风险要素之上的(表3-4-6)。泄漏影响系数的评分越高,管道的泄漏风险越大,管道事故的损失后果也越严重。

表3-4-6 泄漏影响系数因素分类表

一级指数因素		二级指数因素		三级指数因素
名称	序号	名称	序号	名称
产品危害	5	急剧危害	5.1	可燃性(N_f)
				活化性(N_r)
				毒性(N_h)
		长期危害	5.2	RQ(长期危害)
扩散系数	6	泄漏分值	6.1	泄漏分值
		人口分值	6.2	人口分值

注:泄漏影响指数 = 产品危害/扩散系数;产品危害 = 急剧危害 + 长期危害;扩散系数 = 泄漏分值/人口分值。

3)实施评价

风险评价的第三步是失效指数和与泄漏影响系数综合计算,最后得出管道相对风险指数。相对风险数的数值越高,管道风险越低,管道安全可靠性越好。一般按数值划分为三个风险区:0~47.5为高风险区,47.5~82.5为中等风险区,82.5以上为低风险区。

相对风险指数 = 风险指数和/泄漏影响指数

= (第三方破坏指数 + 腐蚀指数 + 设计指数 + 误操作指数)/泄漏影响系数

$$(3-4-2)$$

相对风险值由式(3-4-1)计算得出。

4)评价结果分析和提出控制措施

风险评价的第四步是在第三步给出的计算结果上提出相应的风险控制措施,并最后给出评估报告。

五、地面注采管线风险控制措施

风险是失效可能性与失效后果的组合,因此只要是能降低失效可能性或失效后果的措施都能起到控制和降低风险的作用。

(一)降低失效概率的方法

1. 在线监/检测

监/检测对风险的影响主要表现在失效概率,而要规避风险,关键在于降低概率,避免失效事件的发生。应当定期对管道进行监/检测,确保其处于良好状态。对管道安全风险较大的区段和场所应当进行重点监测,掌握管道运行环境,提前发现管道缺陷,明确管道腐蚀状况,确保输气管道安全输送,采取有效措施防止管道事故的发生。监/检测内容见表3-4-7。

表3-4-7 地面注采管道监/检测内容

检测项目	检测内容	检测周期
宏观检测	(1)管道位置、走向和埋深; (2)阴极保护测试桩、标志桩、光缆桩; (3)管道沿线防护带调查; (4)地面泄漏检查; (5)水工保护设施完好检查	每天
防腐层检测	(1)整体防腐层评价; (2)缺陷点检测、定位	定期
阴极保护	(1)管道任意位置电位检测,建议使用直流电位梯度法(DCVG)/密间隔电位测试技术(CIPS); (2)恒电位仪的长效参比电极对比测试	定期
管道附属设备检测	(1)管道沿线土壤电阻率; (2)阳极地床测试接地电阻; (3)绝缘接头(法兰)绝缘性能; (4)可疑地区杂散电流	定期
开挖检测	(1)防腐层外观、厚度、黏结力、漏点检测; (2)管体腐蚀形貌、腐蚀产物、腐蚀类型确定; (3)管壁厚度、腐蚀面积; (4)管体内腐蚀检测、分析,开挖点管道内腐蚀状况; (5)环焊缝缺陷无损检测,焊缝缺陷评级; (6)开挖点防腐层修复、回填、恢复现场	定期

2. 管道维修/维护

对于在监/检测过程中发现的管体、防腐层缺陷或附属设施的破坏问题,应及时进行管道及附属设施的维修和维护,以保证管道的安全运行,减少管道失效概率。具体措施应包括管道的补强修复、更换管道、涂层修补、腐蚀设施维护等。详细维修/维护措施见表3-4-8。

表3-4-8 地面技术管道维修/维护措施

维修/维护对象	维护内容	备注
管道	管体补强修复、更换管段	(1)对于缺陷深度小于管体厚度80%的较小缺陷,可以采用碳纤维补强修复; (2)对于缺陷深度大于管体厚度80%的缺陷或不足80%但面积较大,可以考虑更换管段(参考SY/T 6151—2022《钢质管道金属损失缺陷评价方法》)

续表

维修/维护对象	维护内容	备注
防腐层/涂层	防腐层/涂层修补	(1)对于直径小于10mm的漏点和损伤,且深度不超过防腐层厚度的50%时,用聚乙烯(PE)棒或修补粉进行修补; (2)对于不大于30mm的损伤,采用辐射交联聚乙烯补伤片修补; (3)对于大于30mm的缺陷,应环向剥皮用热收缩套进行修补
附属设施	附属设施维护、更新	(1)阴极保护测试桩、标志桩、光缆桩如遇破坏,应尽快更新; (2)管道沿线防护带调查如遇破坏,应尽快修复; (3)水工保护设施如坍塌,应尽快修复; (4)其他设施如阳极地床、恒电位仪、绝缘法兰、站内测试箱等均应及时维修

3. 管道失效预测/预防

管道的预测/预防对管线能否安全运行、是否需要更换、剩余使用寿命等做出客观准确的判断,管道的安全评价常用于管道的预测/预防,包括剩余强度评价和剩余寿命预测两部分。剩余强度是评价设备和管道的当前状况,剩余寿命则是在剩余强度评估的基础上预测设备和管道未来发展。

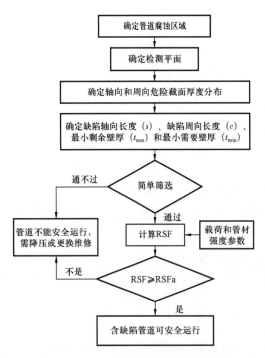

图3-4-5 体积型缺陷剩余强度评价

RSF—剩余强度因子;RSFa—许用剩余强度因子

含有缺陷管道剩余强度评价是在缺陷检测基础上,对管道剩余承压能力的定量评价。若剩余强度评价结果表明损伤管道适用于目前的工作条件,则只要建立合适的监测/检测程序,管道就可以在目前工作条件下继续安全运行。若评价结果表明损伤管道不适合目前操作条件,则宜对该管道降级使用,也就是降低管道最大允许工作压力(MAWP),或进行修复或换管,重新评价后再投入使用。图3-4-5为体积型缺陷剩余强度评价。

油气输送管道腐蚀寿命预测是管道安全评价的重要组成部分,它直接关系到管道检测、维修、更换周期的确定。腐蚀寿命预测过程大体上由以下几个步骤组成:(1)利用管道腐蚀检测数据和服役年限,建立各管段腐蚀速率模型;(2)通过剩余强度评价,确定缺陷极限尺寸;(3)确定管道剩余寿命,即检测周期。疲劳寿命预测框图如图3-4-6所示。

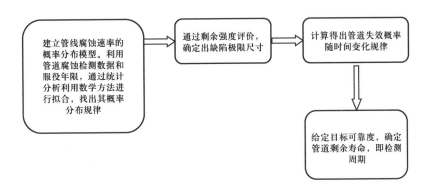

建立管线腐蚀速率的概率分布模型。利用管道腐蚀检测数据和服役年限，通过统计分析利用数学方法进行拟合，找出其概率分布规律 → 通过剩余强度评价，确定出缺陷极限尺寸 → 计算得出管道失效概率随时间变化规律 → 给定目标可靠度，确定管道剩余寿命，即检测周期

图 3 - 4 - 6　疲劳寿命预测框图

4. 建立管理规范

管道运营管理部门应当建立合理的管理规范,能够最大限度地预防管道事故的发生和降低管道失效的概率,通过规范对人员培训、公众宣传、管道的维护和检测系统的完善起到良好的执行和管理作用。建议管理规范至少应包括表 3 - 4 - 9 所列内容。

表 3 - 4 - 9　管理规范建议

规范项目	规范内容	备注
"一呼即通"设备定位系统	"一呼即通"设备定位系统,确保在每次呼叫报告时正确地找出和标记管道的位置	可通过对沿线居民及巡线人员与管道报警中心的有效配合来完成
管道标志	公路、铁路和河流穿越段的两边应设明显的管道标志。在第三方活动频繁的地区,应设置管道中心线标志。所有地面管道标志应标有管道运营公司 24h 紧急抢修值班电话	管道也应正确设置航空标志,以利于对管道进行周期性空中巡检
光纤或电子地面侵入监测系统	电缆被破坏或者剪断,监控装置光纤或者电子地面破坏监控系统应在第一时间发出警报,准确定位破坏位置	
埋设深度	严格按照国家和施工规范的规定埋设深度埋设管道	巡线员工若发现埋深不够,应及时增加埋深
公众教育	应对公众进行教育。内容包括教育公众、应急反应人员、挖掘人员有关管道潜在的危险及管道设备的应急反应措施等	在第三方破坏易发生的高危地段,油田公司应按照管道完整性管理要求加大对公众教育的力度,进一步贯彻、落实《石油天然气管道保护条例》
管道用地维护	管道用地维护计划应采取有效措施减少第三方破坏,提高应急反应能力	经常维护管带(如灌木的清除、更换管道标志等),提醒第三方对管道的保护
巡检频率	严格执行每日巡线,建立巡线监督体制	

（二）降低失效后果的方法

对于那些失效后果等级高的情况，可增加在线监测、气体泄漏报警装置等安全保护措施及时发现泄漏位置，通过隔离系统和减缓系统控制泄漏和扩散后果，以达到降低失效后果的目的，见表 3 - 4 - 10。

表 3 - 4 - 10　设备失效后果降低措施

措施	具体内容
阴极保护的监控	管道应安装阴极保护系统，实时阴极保护系统参数能够反映管道沿线腐蚀情况和管道保护情况
泄漏探测	通过光纤或电子地面侵入监测系统及时报警定位，缩短发现泄漏的时间、应急反应时间
人员培训	应对相关人员进行设备风险识别、操作规范、风险应急处置等培训，并定期开展应急演练
人员配置	装备良好、训练有素的员工成立事故处理组，随时待命及时处理紧急事故。生产运行处或相应部门应根据泄漏量、位置、对环境及公众的影响进行操作人员及其他组织人员的配置

六、注采管道风险评估应用案例

使用体系修正后的半定量风险评价方法对金坛储气库注采管线进行风险评估，评分对象为从气 JK10 - 1 井到东站 11 号集配气阀组的单井管道。

（一）概况

某储气库注采管线总长 45.88km，按照用途分为单井管道（连接气井到集配气阀组的管线）、进站支干线（连接集配气阀组到东西注采站的管线）和东西联络线干湿气管道（连接东西注采站），管道途经低山丘陵、冲积平原等地形，其中穿越公路 18 处，穿越河流 6 处，且大多为并行管道，并行最多处为 12 条，最少 2 条，情况比较复杂。通过资料的收集和观察，还没有发现同类型管线的风险评价。

（二）基本参数确定

评分对象为从气 JK10 - 1 井到东站 11 号集配气阀组的单井管道，总长 2.7km，现针对其利用风险评分法进行评分。该段管道为 ϕ159mm × 16mm 规格的 20G 无缝钢管，设计压力为 17.5MPa，屈服强度为 245MPa。整个管道有一条池塘穿越，沿途路过村庄，沿线环境较单一，杂散电流影响较小，按分段原则将该条管道分为 7 个管段。基本参数见表 3 - 4 - 11。

表 3 - 4 - 11　管道基本参数

编号	属性	属性值
1	储气库名称	金坛储气库
2	管道编号或名称	JT - JK10 - 1

编号	属性	属性值
3	管道类别	单井管道
4	评价起点	西一井
5	评价终点	西站
6	管道投用时间	—
7	输送介质	天然气
8	最大操作压力（MPa）	17
9	管道直径（mm）	159
10	管道壁厚（mm）	16
11	外防腐层材料	3PE
12	内涂层	减阻内涂层
13	钢管材质	20G
14	流体密度（kg/m³）	0.755

（三）管道分段

通常管道分段会依照一些特定属性，如人口密度、土壤腐蚀情况、包覆层状况、管道使用年限、穿跨越等来进行分段。在此处考虑实际情况根据穿跨越和地形类型划分管段，工程评价管段划分结果见表3-4-12。

表3-4-12 输气干线管道工程评价管段划分

序号	管段单元始点	管段单元终点	管段序号	线路沿线描述	距离（m）
1	JK4-1井口	农田	P1	一般地段	0～300
2	丘陵穿越		P2	丘陵穿越，埋深1m以上	300～500
3	农田	一般地段	P3	农田下敷设，管道上铺垫有碎石	500～1500
4	一般地段		P4	一般地段	1500～1510
5	池塘穿越		P5	管道埋在河道稳定层下0.8m	1510～1600
6	一般地段		P6	一般地段	1600～2600
7	集配气阀组		P7	靠近集配气阀组	2600～2700

（四）失效指数和后果指数采集

共进行了第三方破坏指数、腐蚀指数、设计指数和误操作指数共计4个因素的评分采集，结合金坛储气库地面注采管线具体情况进行打分。权重分配按照收集整理的国内失效事故统计，腐蚀占28.2%，第三方占45.1%，设计占5.6%，误操作占21.1%。各因素评分项见表3-4-13至表3-4-16，各管段指数和见表3-4-17。

表 3-4-13　第三方破坏指数因素评分表

一级指数因素		二级指数因素		管段打分						
名称	序号	名称	序号	1	2	3	4	5	6	7
第三方破坏指数	1	管线覆盖层的最小深度	1.1	68	71	67	66	68	70	71
		活动程度	1.2							
		地面设施	1.3							
		报警系统	1.4							
		公共教育	1.5							
		管道用地标志	1.6							
		巡线频率	1.7							

表 3-4-14　腐蚀指数因素评分表

一级指数因素		二级指数因素		三级指数因素	管段打分						
名称	序号	名称	序号	名称	1	2	3	4	5	6	7
腐蚀指数	2	大气腐蚀	2.1	设施	66	66	66	66	52	64	66
				大气类型							
				防腐层状况							
		内腐蚀	2.2	介质腐蚀							
				管道内防护							
		外腐蚀	2.3	阴极保护							
				外防腐涂层状况							
				土壤腐蚀性							
				管道运行年限							
				并行管道							
				电流干扰							
				应力腐蚀							

表 3-4-15　设计指数因素评分表

一级指数因素		二级指数因素		管段打分						
名称	序号	名称	序号	1	2	3	4	5	6	7
设计指数	3	管道安全系数	3.1	60	60	62	58	60	61	59
		系统安全系数	3.2							
		疲劳	3.3							
		水击可能性	3.4							
		水压试验	3.5							
		土壤移动	3.6							

表 3-4-16 误操作指数因素评分表

一级指数因素		二级指数因素		三级指数因素	管段打分						
名称	序号	名称	序号	名称	1	2	3	4	5	6	7
误操作指数	4	设计	4.1	危险识别	88	88	88	80	86	85	84
				达到 MAOP 的可能性							
				安全系统							
				材料选择							
				检验							
		施工	4.2	施工现场监督							
				材料							
				焊接							
				回填							
				搬运							
				涂层							
		运行	4.3	工艺规程							
				SCADA/通信							
				安全计划							
				检查							
				培训							
				机械失误防护措施							
		维护	4.4	文件编制							
				计划							
				维护规程							

表 3-4-17 某单井管道风险评分表

管道名称	金坛储气库注采管道 JK4-1 到东站 8 号集配气阀组单井管道					
管段	管段指数				泄漏影响系数	相对风险值
	第三方破坏指数	腐蚀指数	设计指数	误操作指数		
管段 1	68	66	60	88	3.5	80.57
管段 2	71	66	60	88	3.5	81.42
管段 3	67	66	62	88	3.5	80.86
管段 4	66	66	58	80	3.5	77.14
管段 5	68	52	60	86	4.7	56.60
管段 6	70	64	61	85	3.5	80.00
管段 7	71	66	59	84	5.3	52.83

注:第三方破坏指数权重占 45.1%,腐蚀指数权重占 28.2%,设计指数权重占 5.6%,误操作指数权重占 21.1%。

（五）实施评价

图 3 - 4 - 7 为此次评价结果,结果表明,该库单井管道相对风险值均位于 47.5 ~ 82.5 之间,属中等风险区,其中 5 号管段和 7 号管段风险较大,5 号管段为池塘穿越段,7 号管段为靠近集配气阀组管段,后果影响较大,应加大风险控制措施和监管力度,预防事故的发生。

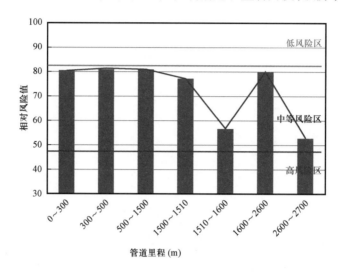

图 3 - 4 - 7　评分结果

（六）风险控制措施

通过此次评价发现,该管段都处于中等风险区,尤其在靠近阀组和池塘穿越段较为危险,故应在正常巡线和管道监察的基础上提高危险地区巡线频率,密切关注高风险区管道运行情况,并提出几条风险控制措施。

（1）对管道沿线的居民加强教育和宣传,进一步贯彻、落实《石油天然气管道保护条例》（国务院 2001 年发布的第 313 号令）,说明输气管道的危险性与重要性,减少、避免第三方破坏。

（2）线路标志设置:在公路、河流穿越点,人口密集区等处,设置明显的管道标志,并保证管道标志的清楚、明确,管道走向标识清晰。

（3）加大高风险区的巡线密度:对于评价结果处于高风险区的管段,应适当提高巡线次数,预防管道事故发生。

（4）定期进行管道检测,及时修补和更换问题管段,修复涂层和防腐层损伤,维护管道附属设施,检查阴极保护电位,确保管道安全运行。

参 考 文 献

[1] Evans D J, West J M. An appraisal of underground gas storage technologies and incidents for the development of risk assessment methodology[R]. British Geological Survey, 2007.

[2] 唐晨飞,张广文,王延平,等. 美国 Aliso Canyon 地下储气库泄漏事故概况及反思[J]. 安全、健康和环境,

2016(7):5 - 8.

[3] 罗金恒,李丽锋,赵新伟,等. 盐穴地下储气库风险评估方法及应用研究[J]. 天然气工业,2011,31(8):106 - 111.

[4] Nichol J R,Kariyawasam S N. Risk assessment of temporarily abandoned or shut - in wells[R]. C - FER Technologies,2000.

[5] Worth D J,Crepin S,Alhanati F J S,et al. Risk assessment for SAGD well blowouts[C]. SPE 117679,2008.

[6] Terchek S T,Amick P C,Newman M A. Risk based assessment of storage well rehabilitation[C]. SPE 72375 - MS,2001.

[7] 吴奇,郑新权,邱金平,等. 高温高压及高含硫气井完整性管理规范[M]. 北京:石油工业出版社,2017.

[8] Salama M M,Venkatesh E S. Evaluation of API - RP - 14 - E erosional velocity limitation for offshore gas wells[C]. Houston:Offshore Technology Conference,1983.

[9] Beggs H D. Gas production operatopms[M]. Tulsa:OGCO Publications,1984.

[10] 李丽锋,罗金恒,赵新伟. 盐穴地下储气库井口破裂火灾事故危险分析[J]. 油气储运,2013(10):1054 - 1057.

[11] 严大凡,翁永基,董绍华. 油气长输管道风险评价与完整性管理[M]. 北京:化学工业出版社,2005.

[12] Wang K,Luo J H,Zhao X W,et al. Risk assessment of underground natural gas storage station[C]. Calgary,Alberta,Canada:the 8th International Pipeline Conference,2010.

[13] 储小燕,沈士明. 南京市天然气利用工程管道的风险评价[J]. 油气储运,2005(3):13 - 16,60 - 61.

[14] 蔡良君,姚安林. 城市燃气管道风险评价技术现状分析与展望[J]. 天然气与石油,2008,26(6):27 - 30,75 - 76.

[15] 郎需庆,赵志勇,宫宏,等. 油气管道事故统计分析与安全运行对策[J]. 安全、健康和环境,2006(10):15 - 17.

[16] 王继强. 国内外油气管道事故比较分析[J]. 科技创新导报,2008(28):104.

[17] 国辉. 我国城市天然气管道事故统计及分析[J]. 安全、健康和环境,2008(4):6 - 8.

[18] 杜艳,谢英,王子豪,等. 天然气管道事故分析[J]. 管道技术与设备,2009(2):16 - 18,37.

[19] 陈秋雄,周卫,杨印臣. 城市燃气管道安全评估中的腐蚀评价[J]. 煤气与热力,2004(8):423 - 426.

[20] 汪涛,叶健,张鹏. 城市天然气管网的模糊风险评价方法[J]. 油气储运,2004(12):3 - 7.

[21] 刘颖,刘长林,周巍. 油气管道的风险评价方法[J]. 焊管,2008(1):36 - 39.

第四章 气藏型储气库检测评价技术

在现有储气库运行过程中,出现了油(套)管腐蚀、泄漏以及环空带压等完整性问题[1-2]。环空带压井的增加致使修井率提高,维护成本大大上升。例如,板桥储气库群46次修井作业中,因油层套管串通、技术套管带压、油层套管串通及技术套管带压、表层套管漏气、安全阀故障、封隔器密封不严等造成修井次数30次,平均免修期约6年,远低于10年例行检测周期[3]。本章主要针对储气库井筒出现的风险进行检测评价,通过对在用套管状况调查(历史、工况、环境等)、技术检测、损伤形状判断与成因分析、材料检验(力学性能、组织等)、必要的实验与强度计算,分析套管柱结构完整性和密封完整性,确定储气库套管柱安全运行周期。

第一节 储气库井筒的检测评价

一、井史资料调研分析

收集统计储气库在役井井史资料,主要包括设计资料(地质设计、钻井设计、完井设计)、施工资料(建井、修井等作业)、运行资料(注采作业、生产检测等)以及其他相关技术资料,重点了解以下内容:

(1)工程地质情况、井身结构设计、套管柱设计、固井设计等;

(2)完井方法、完井管柱结构等;

(3)钻井日志、完井日志、生产日志,包括井下复杂处理过程、作业压力和温度(井口、井底、套管间等)及其波动变化、天然气日产量及其产物成分等;

(4)注采井试压、固井质量、套管变形等已进行过的地球物理测井和技术检测资料。

分析上述资料,研究储气库套管柱受载情况和结构变化情况,以便于确定后期检测方案和评价节点。

二、井筒检测方法

套管检测方法主要采用测井的手段,通过检测到的物理信号间接地或直接地判断管内的腐蚀及损坏情况,精确度高、直观性强,易于解释分析。

地球物理测井的目的是为油水井正常生产提供套管、水泥环技术状况的信息,指导射孔、修井等作业施工,延长油水井使用寿命,提高油田开发的效益。地球物理测井的检测内容包括套管接箍和内径、射孔位置、管柱及管外工具深度、井眼斜度和方位、套管损坏情况以及固井质量检查等。

地球物理测井设备主要有但不限于:磁脉冲探伤仪、高灵敏度测温仪、放射性测量仪、井径测量仪、电磁探伤仪、超声测井仪、伽马密度测井仪、声波水泥胶结测井仪、噪声测量仪等[4]。地球物理测井技术中的多种方法可有效地检测套管技术状况(表4-1-1)。

机械井径测井系列是油水井井身状况常规的检测手段,可提供套管内径的变化情况[5]。声波测井系列主要包括三个方面:井壁超声成像测井可提供直观、全面的套管损坏状况;声波的固井质量测井用于评价套管外水泥胶结状态[6];噪声测井用于判断已经形成的管漏和窜槽。方位测井系列用于确定套管变形及损坏的方位角度。电磁测井系列检查套管裂缝、错断,内、外壁腐蚀及射孔质量。可见光电视测井系列通过井下摄像机直接对井筒和套管进行成像。井温和注、产系列用于评价套管漏失和层间窜槽情况。

这些测井方法从不同侧面反映了套管技术状况,为油田调整注采方案、预防损坏和修复损坏提供了翔实可靠的资料,为套管严重损坏井报废作业提供证据,并有助于分析套管损坏机理、制订套管损坏预防方案和对油田开发起着重要作用。

表4-1-1 检查套管技术状况的测井仪器

系列	仪器名称	外径（mm）	耐温（℃）	耐压（MPa）	功能特点
井温	高灵敏度井温测井仪	28	125	60	评价套管漏失和层间窜槽情况
井径测井系列	X-Y井径仪	50	80	30	在套管同一截面内,记录互相垂直的两个套管内径管,确定套管截面的椭变程度
	八臂井径仪	80	80	20	测量相互呈45°的四个方向井径
	十二臂井径仪	50	125	30	测量套管井径最小值
	十六臂井径仪	70	125	60	测量套管最大井径、最小井径及平均井径,同时给出套管内壁结构状况立体图(可旋转)
	二十臂井径仪	46	125	60	测量套管最大井径、最小井径及平均井径,同时给出套管内壁结构状况立体图
	三十六臂井径仪	89	175	125	测量三个120°扇区的最大井径、最小井径和平均井径
	四十臂井径仪	70	175	103	测量套管最大井径、最小井径及平均井径,同时给出套管内壁结构状况立体图(可旋转)。检查套管变形、错断、内壁腐蚀及射孔质量
声波测井系列	井壁超声成像测井仪	90	125	60	对套管破损部位采用不同角度、不同形式的图形加以描绘,其中包括立体图、纵横截面图和井径曲线图。检查套管变形、错断、内壁腐蚀及射孔质量
	小直径超声成像测井仪	46	125	60	
	井周环形声波扫描仪（CAST-V）	92	175	137	测量套管内径、壁厚,利用立体图、纵横截面图描述套管破损部位。检查套管变形、错断、内壁腐蚀、射孔质量
	声波水泥胶结测井仪	92	175	137	评价油水井固井质量
	扇区水泥胶结测井仪（SBT）	70	175	137	评价油水井固井质量,检测水泥环周向局部窜槽
	水泥环密度—套管壁厚测井仪AMK-200	110	120	60	检测水泥密度、套管壁厚及套管偏心
	自然噪声测井仪	43	149	69	与井温测井组合判断管漏和窜槽

系列	仪器名称	外径（mm）	耐温（℃）	耐压（MPa）	功能特点
电磁测井系列	磁性定位仪	30	80	16	检测套管柱接箍和井下工具深度
	管子分析仪（PAT）	111	175	140	检测套管的电磁特征，探测套管壁的腐蚀损伤，并鉴别损坏发生在内壁还是外壁
	套管检测仪（PIT）	110	175	100	
	电磁探伤测井仪	42	100	60	在油管内检测油管和套管的裂缝（纵缝、横缝）、腐蚀、射孔、内外管壁的厚度
	电位剖面测井仪	—	100	15	检测套管的电化学腐蚀状态，评价牺牲阳极阴极保护效果
	射孔孔眼检查仪	102	125	50	检测套管射孔质量
方位测井系列	连续斜度—方位测井仪	54	70	40	检测倾斜角、方位角
	方位井径测井仪	54	125	30	检测套管变形、损坏及其方位
	方位—成像测井仪	90	125	60	确定套管变形、损坏及其方位
光学	光纤井下电视测井仪	43	107	70	测量连续的、清晰的井下图像，直观了解井下套管状况

三、井筒技术检测评价

（一）检测内容和目的

井筒技术检测主要包括套管状况检测、固井质量检测、套管外气液检测等。套管状况检测是为了评价套管柱的技术状态，主要检查套管壁缺陷（腐蚀和磨损）及不密封区域；固井质量检测是为了评价固井质量，即评估水泥环与套管柱及地层之间的胶结质量；套管外气液检测是为了确定套管外流体窜流的方向和区段。

对地下储气库在用套管柱可能存在的各种损伤及位置、管串结构、套管外水泥环胶结质量、套管外气液聚集或窜槽等按照 SY/T 5327—2008《放射性核素载体法示踪测井》、SY/T 5600—2016《裸眼井、套管井测井作业技术规程》、SY/T 6449—2000《固井质量检测仪刻度及评价方法》、SY/T 6488—2019《电、声成像测井资料处理解释规范》等测井标准的地球物理测井方法进行全面检测。

（二）套管柱的技术检测

对套管柱技术状态的检测通过地球物理测井来进行。过油管检测发现套管柱缺陷、结构不密封、地球物理测井资料解释结果不统一等现象时，或进行大修时，应在提升油管柱后进行进一步的地球物理测井。

检测结果中应包括：套管内径、管壁厚度及横截面的变形情况；套管损伤情况，即腐蚀损伤和机械损伤（磨损、裂缝、断裂、切口等）；射孔层段和（或）筛管（必要时）位置；套管接头连接程度；不密封区域等信息。

(三)套管外空间的技术检测

对套管外空间状态的检查通过地球物理测井和气体动力学检测方法进行。检测结果应包括：套管外的窜流、气体聚集；水泥环与管柱及地层之间的胶结质量；套管间压力及其可能来源、套管外空间流体量、套管外空间密封性。

当存在套管间窜流、套管外空间流体流动迹象和二次气体聚集区域时，在整套技术检测方法中还应包括气探测方法。

(四)地球物理测井方法

关于对套管柱技术状态和套管外空间的技术检测,表4-1-2列出了推荐的地球物理测井方法。根据检验专家的建议,并经委托机构同意,可使用标准的测井方法以外的套管柱及套管外空间技术状态评估方法,但这些方法应经过相应的认证。

表4-1-2　地下储气库井地球物理测井方法

检测对象		任务目标	地球物理测井方法	
			宜	可
套管柱	过油管	(1)确定套管柱各部件(套管鞋、封隔器、筛管等)的位置； (2)测量并监控在管柱剖面上管柱内径的变化； (3)检查管壁缺陷,评价磨损程度； (4)确定变形位置(不密封性)	(1)磁脉冲探伤法； (2)磁性定位法； (3)高灵敏度测温法； (4)放射性测量法(固定式伽马测井+中子伽马测井)	气压测定法
	提升油管	(1)确定井身结构部件(套管鞋、封隔器、启动接头等)的位置； (2)测量并监控在管柱剖面上管柱内径的变化； (3)检查局部缺陷和管壁厚度变化	(1)井径测量法； (2)电磁探伤法； (3)磁性定位法； (4)伽马厚度测量法—探伤法	(1)声波探伤法； (2)声波电视
套管外空间		检查水泥环胶结质量	声波水泥测井法	宽频声波测井
		检查套管外气体聚集的层段、地层间窜流情况	(1)高灵敏度测温法； (2)噪声测量法； (3)放射性测量法(伽马测井+中子伽马测井；感应测井；固定式伽马测井)	(1)中子脉冲测井； (2)伽马光谱测定法； (3)噪声测量法—光谱测定法； (4)放射性同位素检查； (5)水流动定位
管柱密封性		检查管接头密封性受损情况	测温法+气压测定法+伽马测井	(1)放射性同位素检查； (2)电阻测量法(注入示踪物质)； (3)测温法(注入温度对比液体)

(五)测井结果评价

1. 固井质量评价

根据前期声波水泥胶结测井曲线以及套管—水泥环—地层接触界面声波图的解释资料,

依据 SY/T 6592—2016《电固井质量评价方法》进行固井质量评价,也可重新进行水泥环胶结状况检测评价。

2. 井内温度、压力评价

根据测井数据判断油管内流体性质,确定井筒内压力分布和流体密度分布。

依据井温测井曲线,分析温度沿井筒深度的变化规律,记录井口和井底温度。若温度自井口至井底有梯度的变化,或有规则的波动,说明油管内空间流体变化正常;若出现井温异常,结合噪声测井资料分析套管外空间是否有流体流动而造成的温度变化,如无流体流动,说明可能是油管接头不密封导致。

3. 环空窜漏评价

根据中子伽马等测井资料,评判油管外空间(油套环空)流体性质,区别出液体和气体,若出现伽马活跃异常值,则表明该段区域有流体聚集。

4. 油管柱和套管柱状况评价

根据磁性定位仪检测数据,可区分油管柱和接头位置以及射孔段和油管鞋位置。根据磁脉冲探伤等测井资料,分析油管和套管的壁厚以及裂缝、腐蚀、机械磨损等缺陷。

5. 检测评价主要结论

确定井下设备所处位置(管接头、套管鞋、封隔器、安全阀等);确定井的技术状况,包括揭示油管和套管的损坏段,确定油管和套管的壁厚,揭示套管外窜流井段,揭示套管外气体聚集段;分析井内温度、压力状况,包括确定井底压力、井筒内温度和压力分布特征,充满井筒内流体的密度分布。

第二节 储气库套管柱剩余强度计算

一、套管强度分析计算模型

(一)基本假设

井下套管柱主要承受内压、外压、轴向力(拉或压)等载荷,依据 von Mises 理论,建立均布载荷下套管柱三轴强度模型。在进行管柱弹性力学分析前,首先进行如下假设:

(1)套管半径相对于井眼曲率半径很小;

(2)套管和地层岩石的材料都是线弹性、均匀、各向同性的,并在小变形范围内;

(3)套管和地层岩石的线膨胀系数是常数;

(4)套管受均匀外挤力作用,暂不考虑非均匀外挤力的作用;

(5)套管屈服遵循 von Mises 准则。

(二)套管柱三轴应力公式

在上述基本假设的前提下,考虑套管受内压力、外挤力和轴向载荷的作用,套管柱处于三轴应力状态,如图 4-2-1 所示。由弹性力学的 Lame 公式,并考虑套管柱受力的轴对称性和

轴向应力沿径向的均匀分布,可知套管柱的应力分布如下:

$$\sigma_r = \frac{p_i r_i^2 - p_o r_o^2}{r_o^2 - r_i^2} - \frac{(p_i - p_o) r_i^2 r_o^2}{r_o^2 - r_i^2} \frac{1}{r^2} \qquad (4-2-1)$$

$$\sigma_\theta = \frac{p_i r_i^2 - p_o r_o^2}{r_o^2 - r_i^2} + \frac{(p_i - p_o) r_i^2 r_o^2}{r_o^2 - r_i^2} \frac{1}{r^2} \qquad (4-2-2)$$

$$\sigma_z = \frac{T_e}{\pi(r_o^2 - r_i^2)} \qquad (4-2-3)$$

式中　σ_r——径向应力,MPa;

$\quad\quad\sigma_\theta$——周向应力,MPa;

$\quad\quad\sigma_z$——轴向力,MPa;

$\quad\quad r_i$——套管内半径,mm;

$\quad\quad r_o$——套管外半径,mm;

$\quad\quad r$——套管任意壁厚处的半径,mm;

$\quad\quad p_i$——套管内压力,MPa;

$\quad\quad p_o$——套管外挤力,MPa;

$\quad\quad T_e$——计算处套管有效轴向力,kN。

式(4-2-1)和式(4-2-2)表明,在内压作用下,径向应力和周向应力的大小与内外压差有关,也与套管计算半径 r 有关。对套管强度设计最关心的最大径向应力和周向应力,理论推导表明,当套管未受弯曲应力时,套管内壁处首先达到屈服,即最大径向应力和周向应力发生在套管内壁处,故由式(4-2-1)和式(4-2-2)可得:

$$\sigma_{r\max} = p_i \qquad (4-2-4)$$

$$\sigma_{\theta\max} = \frac{p_i(r_i^2 + r_o^2)}{r_o^2 - r_i^2} - \frac{2 p_o r_o^2}{r_o^2 - r_i^2} \qquad (4-2-5)$$

σ_r、σ_θ、σ_z 均取压应力为正,反之为负。

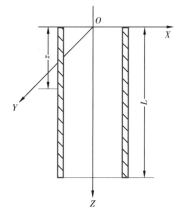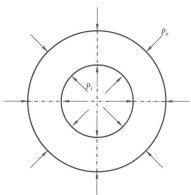

图4-2-1　套管受力示意图

(三)套管三轴应力强度公式

套管三轴应力强度是指套管柱在三轴应力作用下的抗外挤、抗内压和抗拉强度,它与三轴应力的大小和套管本身的屈服强度有关。由于 API 套管强度是在单轴应力条件下得到的,因此在进行三轴应力强度设计时不能直接使用,需要求出三轴强度与 API 强度之间的关系才能进行三轴强度设计。

根据套管三轴应力公式与 von Mises 屈服准则,当套管内壁出现屈服时,其有效应力等于屈服应力,即

$$\sigma_{eq} = Y_p \tag{4-2-6}$$

$$Y_p{}^2 = \sigma_r{}^2 + \sigma_\theta{}^2 + \sigma_z{}^2 - \sigma_r\sigma_\theta - \sigma_r\sigma_z - \sigma_z\sigma_\theta \tag{4-2-7}$$

此时外压力 p_o 为:

$$p_o = p_{ca} + p_i \tag{4-2-8}$$

式中 p_{ca}——抗挤强度,MPa。

由式(4-2-3)至式(4-2-5)、式(4-2-7)和式(4-2-8)得到:

$$Y_p = 3\left(\frac{p_{ca}r_o{}^2}{r_o{}^2 - r_i{}^2}\right)^2 + \left(\sigma_z - \frac{p_i r_i{}^2 - p_o r_o{}^2}{r_o{}^2 - r_i{}^2}\right)^2$$

解得:

$$p_{ca} = \frac{Y_p(r_o{}^2 - r_i{}^2)}{2r_o}\left[\sqrt{1 - 0.75\left(\frac{\sigma_z + p_i}{Y_p}\right)^2} - \frac{\sigma_z + p_i}{2Y_p}\right] \tag{4-2-9}$$

API 套管的试验抗挤强度值为 p_{co},实验条件是 $T = 0$,$p_i = 0$,最大抗挤毁应力点在内壁上,$r = r_i$。

$$p_{co} = \frac{Y_p(r_o{}^2 - r_i{}^2)}{2r_o} \tag{4-2-10}$$

将式(4-2-10)代入式(4-2-9)得到三轴抗挤强度:

$$p_{ca} = p_{co}\left[\sqrt{1 - 0.75\left(\frac{\sigma_z + p_i}{Y_p}\right)^2} - \frac{\sigma_z + p_i}{2Y_p}\right] \tag{4-2-11}$$

利用相同的方法可推得三轴抗内压强度和三轴抗拉强度公式如下:

$$p_{ba} = p_{bo}\left[\frac{r_i{}^2}{\sqrt{3r_o{}^4 + r_i{}^4}}\left(\frac{\sigma_z + p_o}{Y_p}\right) + \sqrt{1 - \frac{3r_o{}^4}{3r_o{}^4 + r_i{}^4}\left(\frac{\sigma_z + p_o}{2Y_p}\right)^2}\right] \tag{4-2-12}$$

$$T_a = 10^{-3}\pi(p_i r_i{}^2 - p_o r_o{}^2) + \sqrt{T_o{}^2 + 3 \times 10^{-6}\pi^2(p_i{}^2 - p_o{}^2)r_o{}^4} \tag{4-2-13}$$

式中 p_{ba}——套管三轴抗内压强度,MPa;

  p_{bo}——API 套管抗内压强度,MPa;

T_a——套管三轴抗拉强度,kN;

T_o——API 套管抗拉强度,kN。

式(4-2-11)至式(4-2-13)表示了三轴抗挤强度、抗内压强度和抗拉强度与 API 强度和内外压力、轴向力之间的关系,可以用来进行套管三轴应力强度设计与校核。

由式(4-2-11)可知,当不考虑内压时($p_i=0$),三轴抗挤强度变为双轴抗挤强度,即

$$p_{ca} = p_{co} \left[\sqrt{1 - 0.75 \left(\frac{\sigma_z}{Y_p} \right)^2} - \frac{\sigma_{zi}}{2Y_p} \right] \qquad (4-2-14)$$

不考虑内压,也不考虑轴向力($\sigma_z=0,p_i=0$),则变为 API 抗挤强度,即 $p_{ca}=p_{co}$。

由式(4-2-12)可知,当设计的套管不是厚壁管,不考虑外压力影响($p_o=0$)时,式(4-2-12)变为双轴抗内压强度公式。

$$p_{ba} = p_{bo} \left\{ \left(\frac{\sigma_z}{2Y_p} \right) + \left[\sqrt{1 - 0.75 \left(\frac{\sigma_z}{2Y_p} \right)^2} \right] \right\} \qquad (4-2-15)$$

当既不考虑外压力,又不考虑轴向应力($p_o=0,\sigma_z=0$)时,变为单轴抗内压强度,即 API 抗内压强度,$p_{ba}=p_{bo}$。

由式(4-2-13)可知,当不考虑内压影响($p_i=0$)时,式(4-2-13)变为双轴外挤抗拉强度公式。

$$T_a = \pi p_o r_o^2 + \sqrt{T_o^2 - 3\pi^2 p_o^2 r_o^4} \qquad (4-2-16)$$

当不考虑外压力影响($p_o=0$)时,式(4-2-13)变成双轴内压抗拉强度公式。

$$T_a = \pi p_i r_i^2 + \sqrt{T_o^2 - 3\pi^2 p_i^2 r_o^4} \qquad (4-2-17)$$

当既不考虑外压力影响($p_o=0$),又不考虑内压影响($p_i=0$)时,式(4-2-13)变为单轴抗拉强度公式,即 API 抗拉强度公式。

上述分析表明,三轴应力强度计算式具有普遍意义,根据内外压力和轴向载荷的实际条件不同,套管柱设计与校核可以是三轴设计、双轴设计和单轴设计。

(四)套管单轴强度计算(API)

1. 抗挤强度

API 标准根据套管径厚比和套管材料屈服强度,将套管抗挤毁压力分为屈服挤毁强度、塑性挤毁强度、过渡挤毁强度和弹性挤毁强度 4 种情况分别进行计算,这 4 种公式应用的范围取决于径厚比的大小。

(1)屈服挤毁强度。

当$(D/t) \leqslant (D/t)_{YP}$时:

$$p_{co} = 2Y_p \left[\frac{(D/t) - 1}{(D/t)^2} \right] \qquad (4-2-18)$$

其中:

$$(D/t)_{YP} = \frac{\sqrt{(A-2)^2 + 8(B + 0.0068947C/Y_p)} + (A-2)}{2(B + 0.0068947C/Y_p)} \qquad (4-2-19)$$

$$A = 2.8762 + 1.5485 \times 10^{-4}Y_p + 4.47 \times 10^{-7}Y_p^2 - 1.62 \times 10^{-10}Y_p^3 \qquad (4-2-20)$$

$$B = 0.026233 + 7.34 \times 10^{-5}Y_p \qquad (4-2-21)$$

$$C = -465.93 + 4.475715Y_p - 2.2 \times 10^{-7}Y_p^2 + 1.12 \times 10^{-7}Y_p^3 \qquad (4-2-22)$$

（2）塑性挤毁强度。

当$(D/t)_{YP} \leqslant (D/t) \leqslant (D/t)_{PT}$时：

$$p_{co} = Y_p\left[\frac{A}{(D/t)} - B\right] - 0.0068947C \qquad (4-2-23)$$

其中：

$$(D/t)_{PT} = \frac{Y_p(A-F)}{0.0068947C + Y_p(B-G)} \qquad (4-2-24)$$

$$F = \frac{3.238 \times 10^5 \left[3(B/A)/(2 + B/A)\right]^3}{Y_p\left[3(B/A)/(2 + B/A) - B/A\right]\left[1 - 3(B/A)/(2 + B/A)\right]^2} \qquad (4-2-25)$$

$$G = F(B/A) \qquad (4-2-26)$$

（3）过渡挤毁强度。

当$(D/t)_{PT} \leqslant (D/t) \leqslant (D/t)_{TE}$时：

$$p_{co} = Y_p\left[\frac{F}{(D/t)} - G\right] \qquad (4-2-27)$$

其中：

$$(D/t)_{TE} = \frac{2 + B/A}{3(B/A)} \qquad (4-2-28)$$

（4）弹性挤毁强度。

当$(D/t)_{TE} \leqslant (D/t)$时：

$$p_{co} = \frac{3.238 \times 10^5}{(D/t)\left[(D/t) - 1\right]^2} \qquad (4-2-29)$$

式中　D——套管的公称外径，mm；

t——套管的公称壁厚，mm；

Y_p——套管屈服强度，MPa；

p_{co}——抗挤强度，MPa；

A,B,C,F,G——API挤毁压力公式经验常数。

2. 抗内压强度

$$p_{\text{bo}} = 0.875\left(\frac{2Y_{\text{p}}t}{D}\right) \qquad (4-2-30)$$

3. 抗拉强度

（1）圆螺纹套管连接强度。

螺纹断裂强度：

$$T_{\text{o}} = 9.5 \times 10^{-4} A_{\text{jp}} U_{\text{p}} \qquad (4-2-31)$$

螺纹滑脱强度：

$$T_{\text{o}} = 9.5 \times 10^{-4} A_{\text{jp}} L_{\text{j}} \left(\frac{4.99 D^{-0.59} U_{\text{p}}}{0.5 L_{\text{j}} + 0.14D} + \frac{Y_{\text{p}}}{L_{\text{j}} + 0.14D}\right) \qquad (4-2-32)$$

其中：

$$A_{\text{jp}} = 0.785\left[(D - 3.6195)^2 - d^2\right] \qquad (4-2-33)$$

式中　T_{o}——抗拉强度，kN；

A_{jp}——最后一个完整扣根处套管壁截面积，mm²；

U_{p}——管材最小极限强度，MPa；

L_{j}——螺纹配合长度，mm；

D——套管内径，mm。

（2）偏梯形螺纹套管连接强度。

偏梯形螺纹连接强度小于管体断裂强度（外螺纹）和接箍（内螺纹）强度。

管体螺纹强度：

$$T_{\text{o}} = 9.5 \times 10^{-4} A_{\text{p}} U_{\text{p}}\left[25.623 - 1.007(1.083 - Y_{\text{p}}/U_{\text{p}})D\right] \qquad (4-2-34)$$

接箍螺纹强度：

$$T_{\text{o}} = 9.5 \times 10^{-4} A_{\text{c}} U_{\text{c}} \qquad (4-2-35)$$

其中：

$$A_{\text{p}} = 0.785(D^2 - d^2) \qquad (4-2-36)$$

$$A_{\text{p}} = 0.785(D_{\text{c}}^2 - d_{\text{c}}^2) \qquad (4-2-37)$$

式中　A_{p}——管端截面积，mm²；

A_{c}——接箍截面积，mm²；

U_{c}——接箍最小极限强度，MPa；

D_{c}——接箍外径，mm；

d_{c}——接箍内径，mm。

（3）无接箍套管连接强度。

无接箍套管连接强度由式（4-2-38）计算：

$$F_j = 9.5 \times 10^{-4} A_{cr} U_p \qquad (4-2-38)$$

式中 A_{cr}——外螺纹、内螺纹及管体临界截面中最小的一个，mm^2。

二、套管强度的影响因素与强度计算

影响套管强度的主要因素包括以下几个方面：水泥环固结质量对套管抗挤强度的影响，腐蚀造成的套管壁厚减薄及应力集中并降低套管强度，套管椭圆度、套管与井眼偏心、套管磨损以及射孔等引起的套管强度降低，温差造成的热应力增加和高温导致的套管屈服强度降低，套管螺纹旋紧质量对套管接头连接效率及密封性能的影响等。

结合地下储气库作业状况与地球物理检测数据，这里主要研究磨损、腐蚀、裂纹以及水泥环胶结质量对套管强度的影响。磨损、腐蚀缺陷主要属于体积型缺陷。

（一）制造缺陷对套管强度的影响

由于制造水平的限制以及各种工程作业（以钻井为代表）对套管的磨损，套管往往存在一定的缺陷，如椭圆度、壁厚不均度和残余应力等。套管缺陷的存在严重影响套管的强度，其中对套管抗挤强度的影响最大。在针对套管缺陷对套管抗挤强度的影响研究中，ISO/TR 10400:2007 标准中对各种抗挤强度公式进行了比较，其中以 Klever 和 Tamano 于 2004 年给出的 KT 公式的改进形式最具有代表性，其计算精度得到广泛认可，其极限挤毁压力 p_{ult} 计算公式如下：

$$p_{ult} = \{(p_{e\,ult} + p_{y\,ult}) - [(p_{e\,ult} - p_{y\,ult})^2 + 4p_{e\,ult}p_{y\,ult}Ht_{ult}]^{1/2}\} / [2(1 - Ht_{ult})]$$

$$(4-2-39)$$

其中：

$$p_{e\,ult} = k_{e\,uls}2E/[(1-\nu^2)(D_{ave}/t_{c\,ave})(D_{ave}/t_{c\,ave} - 1)^2] \qquad (4-2-40)$$

$$p_{y\,ult} = k_{y\,uls}2f_y(t_{c\,ave}/D_{ave})(1 + t_{c\,ave}/(2D_{ave})] \qquad (4-2-41)$$

$$Ht_{ult} = 0.127ov + 0.0039ec - 0.440(rs/f_y) + h_n \qquad 且\ Ht_{ult} \geqslant 0 \quad (4-2-42)$$

式中 D_{ave}——实测平均外径，mm；

D_{max}——实测最大外径，mm；

D_{min}——实测最小外径，mm；

E——弹性模量，MPa；

ec——壁厚不均度，%，$ec = 100(t_{c\,max} - t_{c\,min})/t_{c\,ave}$；

f_y——典型拉伸试样的实测屈服强度，MPa；

h_n——应力—应变曲线形状因子；

Ht_{ult}——耗损因子；

$k_{e\,uls}$——极限弹性挤毁压力校正因子，取值 1.089；

$k_{y\,uls}$——极限屈服挤毁压力校正因子，取值 0.9911；

ov——椭圆度，%，$ov = 100(D_{max} - D_{min})/D_{ave}$；

$p_{e\,ult}$——极限弹性挤毁压力，MPa；

$p_{y\,ult}$——极限屈服挤毁压力，MPa；

rs——残余应力（内表面压缩为负值，内表面拉伸为正值），MPa；

$t_{c\,ave}$——实测平均壁厚，mm；

$t_{c\,max}$——实测最大壁厚，mm；

$t_{c\,min}$——实测最小壁厚，mm；

ν——泊松比。

式（4-2-39）的具体来源与解释在 ISO/TR 10400:2007 标准中有详细叙述，这里不再赘述。从式（4-2-42）中可以发现，套管椭圆度对抗挤强度的敏感性明显高于壁厚不均度。

当然，若套管为均匀磨损时，套管的各种强度仅仅是壁厚减薄后的结果。

（二）腐蚀缺陷对套管强度的影响

实践证明，腐蚀对金属材料的危害极大，腐蚀从两个方面来降低套管的各种强度：一是改变套管的几何结构和几何尺寸，如形成凹坑、壁厚减薄；二是改变套管的力学性能，如氢脆等。套管腐蚀一般分为均匀腐蚀和局部腐蚀，均匀腐蚀使套管壁厚均匀减薄，而局部腐蚀则在套管表面形成凹坑。前者对套管强度的降低程度计算，只需要用腐蚀后的套管实际壁厚代入相应的套管强度公式即可求得腐蚀后的套管抗挤强度、抗内压强度和抗拉强度。对于后者，Kai Sun 等经过研究发现，局部腐蚀对套管强度的影响主要是应力集中，并据此给出了腐蚀套管的强度计算公式：

$$p_{C} = \frac{1}{K_{C}}p \qquad\qquad (4-2-43)$$

式中　p_C——腐蚀后的套管强度统称，泛指抗挤强度、抗内压强度和抗拉强度，MPa；

　　　p——无腐蚀的套管强度统称，泛指抗挤强度、抗内压强度和抗拉强度，MPa；

　　　K_C——含腐蚀套管的强度降低系数，对于不同的强度类型，具有不同的计算公式。

对于抗拉强度，可将 K_C 视为定值 2.05；对于抗挤强度和抗内压强度，K_C 是套管壁厚、腐蚀凹坑直径和深度的函数，其中最主要的参数是套管壁厚和腐蚀凹坑深度。根据 Kai Sun 等给出的含腐蚀套管强度与腐蚀凹坑深度的关系曲线，可以归纳出 K_C 值与腐蚀凹坑深度 d_c 和套管壁厚 t 之比的关系，见表4-2-1。

表4-2-1　K_C 值与腐蚀凹坑深度 d_c 和套管壁厚 t 之比的关系

d_c/t		0	0.02	0.04	0.06	0.08	0.10	0.15	0.20	0.30
K_C	抗挤	1.00	1.46	1.70	1.82	1.89	1.94	2.00	2.05	2.08
	抗内压	1.00	1.47	1.71	1.83	1.89	1.93	1.99	2.03	2.08
d_c/t		0.40	0.50	0.60	0.70	0.80	0.85	0.90	0.95	0.99	1.00
K_C	抗挤	2.15	2.23	2.37	2.57	3.05	3.52	4.58	7.82	27.82	∞
	抗内压	2.14	2.21	2.36	2.58	3.03	3.54	4.51	7.70	31.59	∞

根据表4-2-1，只需知道套管的腐蚀深度，即可计算出对应的套管强度。当然，若腐蚀速率和腐蚀时间已知，即可预测套管的腐蚀寿命和剩余强度。事实上，对于腐蚀造成的套管力

学性能降低(如氢脆),最终同样导致抗挤强度、抗内压强度和抗拉强度的降低,因此仍可以采用式(4-2-43)对相应的套管强度进行修正,只是修正系数存在差异。有关该项修正系数的确定,目前尚没有确切的公式计算,只能通过经验确定。

(三)裂纹型缺陷对套管强度的影响

在工程实践中,裂纹型缺陷是套管中最常见的缺陷之一。套管中裂纹型缺陷可以分为表面裂纹、埋藏裂纹和穿透裂纹。实际作业套管不允许存在穿透裂纹。

长期执行的 API 5C3 标准基于比较经典的弹塑性力学方法和公式,并根据大量的实验数据做了必要的修正。但是未考虑微裂纹缺陷的影响,计算出的强度仍不够理想。ISO/TR 10400:2007 在引入断裂力学的基础上,给出了油套管的断裂力学设计方法,给出了含有裂纹的管体延性断裂公式,这里主要介绍复合载荷下的延性断裂公式,其推导过程和使用方法详见 ISO/TR 10400:2007 标准。

一般情况下,管子可能承受最大内压载荷,即爆破内压,同时有随机的外压和轴向拉伸或压缩作用。这些复合载荷共同决定管子的屈服时间和达到断裂点的塑性变形路径,而且在轴向载荷不是很大时,爆破是一种主要的失效类型。对于很大的拉伸载荷和较小的内压作用,在达到最大压力前,拉伸载荷已经达到最大值(管体先缩径,然后轴向分离)。下面讨论复合载荷作用断裂和缩径的公式,并讨论哪种现象先发生的判据。

1. 复合载荷作用下延性断裂公式

有外压和轴向拉伸或压缩的情况与封堵管端的情况是不同的,其更一般的公式为:

$$p_{iRa} = p_o + \min\left[1/2(p_M + p_{ref\,T}), p_M \right] \quad\quad (4-2-44)$$

$$p_M = p_{ref\,M} \sqrt{\left[1 - k_R \left(F_{eff}/F_{uts} \right)^2 \right]} \quad\quad (4-2-45)$$

其中:

$$F_a = \pi t(D-t)\sigma_a \quad\quad (4-2-46)$$

$$F_{uts} = \pi t(D-t)f_{umn} \quad\quad (4-2-47)$$

$$F_{eff} = F_a + p_o\pi t(D-t) - p_M t(D-t)(\pi/4)\left[D - 2(k_{wall}t - k_a a_N) \right]^2/$$
$$\left[(k_{wall}t - k_a a_N)(D - k_{wall}t + k_a a_N) \right] \quad\quad (4-2-48)$$

$$p_{uts} = 2f_{umn}(k_{wall}t - k_a a_N)/(D - k_{wall}t + k_a a_N) \quad\quad (4-2-49)$$

$$p_{ref} = 1/2(p_{ref\,M} + p_{ref\,T}) \quad\quad (4-2-50)$$

$$p_{ref\,M} = (2/\sqrt{3})^{1+n}(1/2)^n p_{uts} \quad\quad (4-2-51)$$

$$p_{ref\,T} = (1/2)^n p_{uts} \qu\quad\quad (4-2-52)$$

$$k_R = (4^{1-n} - 1)/3^{1-n} \qu\quad\quad (4-2-53)$$

式中　a_N——与特定检测系统相关的缺欠深度,mm,如管材检测系统忽略的类裂纹缺欠的最大深度,例如,12.7mm 壁厚管体的 5% 缺欠检测临界值,$a_N = 0.635mm$;

σ_a——轴向应力,MPa;

D——管子名义外径,mm;

F_a——轴向力,kN;

f_{umn}——名义最小抗拉强度,kN;

F_{eff}——有效轴向载荷,即轴向力与作用在封堵面积上的内压和外压产生的轴向载荷之和,kN;

k_a——破裂强度因子,对淬火和回火(马氏体组织)或13Cr材料的管子取值为1,轧制和正火产品的试验数据取2.0,其他没有检测数据的情况默认为2,特殊材料管子的爆破强度参数值可通过试验确定;

k_{wall}——表征管材壁厚生产偏差的参数,例如12.5%的偏差;

n——硬化指数,从单轴拉伸试验得到的真实应力—应变曲线获取;

p_{iR}——管端封堵时延性断裂内压,MPa;

p_{iRa}——轴向载荷和外压作用下的p_{iR},MPa;

p_o——外压,MPa;

t——管子平均壁厚,mm。

2. 复合载荷作用下缩径

内压和外压作用时的韧性缩径变形公式为:

$$F_{eff} = F_{uts} \sqrt{\left[1 - k_N \left[(p_i - p_o)/p_{ref\,M}\right]^2\right]} \qquad (4-2-54)$$

其中:

$$k_N = 4^{1-n} - 3^{1-n} \qquad (4-2-55)$$

其他变量计算公式见式(4-2-46)至式(4-2-52)。

在压力为0的情况下,有效轴向载荷等于实际轴向载荷,最大轴向载荷公式(4-2-54)就简化为极限抗拉强度公式。

如果缩径在断裂之前发生,缩径公式就是有效的,这时

$$(p_i - p_o)/p_{ref\,M} \leqslant (1/2)^{1-n} \qquad (4-2-56)$$

3. 延性断裂和缩径的界限

比较式(4-2-44)和式(4-2-54),满足下列条件时缩径先于断裂发生:

$$F_{eff}/F_{uts} \geqslant (3/2)(p_i - p_o)/p_{uts} \qquad (4-2-57)$$

(四)磨损缺陷对套管强度的影响

技术套管下入后,需要继续钻进,钻柱转速低,摩擦阻力大且钻进时间长,致使钻柱与套管的磨损都十分严重。套管磨损后,壁厚减薄,强度降低。若对磨损套管剩余强度估计过高,有可能因此而导致地下储气库油气井的早期报废;估计过低,将造成浪费。因此,需要准确地对磨损套管进行剩余强度评价。套管是在固井后钻井液已经凝固时被钻杆磨损的,固井后磨损套管的破坏形式主要是挤毁和破裂,所以只对磨损套管的剩余抗挤强度和剩余抗内压强度进

行分析。

在回收的磨损套管中大约50%是月牙形磨损,而且大多数严重磨损的套管都是月牙形磨损,因此对于内壁磨损套管剩余强度的研究主要集中在月牙形磨损上。在一般的直角坐标系中,很难得到其应力分布的解析解。本节把内壁磨损套管月牙形磨损模型简化为偏心圆筒模型,直角坐标转化为双极坐标,得到了内壁磨损套管内外表面应力分布的解析解。

本研究对月牙形磨损模型进行了简化,用偏心圆筒模型代替了月牙形磨损模型。

具体的化简过程是:首先测出月牙形磨损套管壁厚最小点 d,然后过此点和圆心 o 作直线,该直线和套管内壁交于一点 m,然后以交点 m 和套管壁厚最小点 d 之间的距离为直径,以它们之间距离的中点 o_2 为圆心作圆 o_2。图 4 - 2 - 2 为月牙形磨损模型,图 4 - 2 - 3 为偏心圆筒磨损模型。

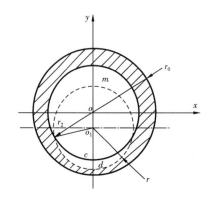 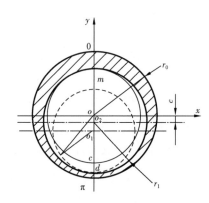

图 4 - 2 - 2 内壁磨损套管月牙形磨损模型　　　图 4 - 2 - 3 内壁磨损套管偏心圆筒模型

模型简化后,套管的横截面积减小,因此偏心圆筒磨损套管的承载能力小于月牙形磨损套管的承载能力。这样的简化使磨损套管的强度降低,但是出于安全考虑,这样的简化是可行的。在后面的分析中,由简化后的模型求得的磨损套管剩余强度和实验值相比误差很小。

偏心磨损套管强度计算属于具有两个非同心圆边界的问题,这种情况下,通常使用式(4 - 2 - 58)所定义的双极坐标 ξ 和 η:

$$z = \mathrm{iacth}\frac{1}{2}\zeta, \zeta = \xi + \mathrm{i}\eta \qquad (4 - 2 - 58)$$

式中　a——实数。

用 $\left(\mathrm{e}^{\frac{1}{2}\zeta} + \mathrm{e}^{\frac{1}{2}\zeta}\right) / \left(\mathrm{e}^{\frac{1}{2}\zeta} - \mathrm{e}^{\frac{1}{2}\zeta}\right)$ 代替 $\mathrm{cth}\frac{1}{2}\zeta$,就容易证明,式(4 - 2 - 58)相当于

$$\zeta = \ln\left(\frac{z + \mathrm{i}a}{z - \mathrm{i}a}\right) \qquad (4 - 2 - 59)$$

其中,$z + \mathrm{i}a$ 这个量可用连接 xy 平面内的 $(0, -\mathrm{i}a)$ 点与 z 点的线段来代表,因为这个线段在坐标轴上的投影给出了实部和虚部。这个量也可用 $r_1\mathrm{e}^{\mathrm{i}\theta_1}$ 来代表,其中 r_1 是该线段的长度,而 θ_1 是该线段与 x 轴的夹角,如图 4 - 2 - 3 所示。同样,$z - \mathrm{i}a$ 是连接平面内的 $(0, \mathrm{i}a)$ 点与 z 点的线段,并可用 $r_2\mathrm{e}^{\mathrm{i}\theta_2}$ 代表,这样方程(4 - 2 - 59)就成为:

$$\xi + i\eta = \ln\left(\frac{r_1}{r_2}e^{i\theta_1}e^{-i\theta_2}\right) = \ln\left(\frac{r_1}{r_2}\right) + i(\theta_1 - \theta_2) \tag{4-2-60}$$

因而

$$\xi = \ln\left(\frac{r_1}{r_2}\right), \eta = \theta_1 - \theta_2 \tag{4-2-61}$$

由图4-2-3可知,当典型点z在y轴右边时,$\theta_1 - \theta_2$就是连接两个极点$(0-ia)$、$(0,ia)$与此典型点z的两线段之间的夹角,而当典型点在y轴左边时,$\theta_1 - \theta_2$是两线段之间的夹角冠以负号。由此可知,曲线$\eta = \text{const}$是经过两个极点的圆弧。由式(4-2-61)可见,$\xi = \text{const}$是一条$r_1/r_2 = \text{const}$的曲线。这样的曲线也是一个圆。当$r_1/r_2 > 1$,也就是ξ为正值时,这个圆绕着极点$(0,ia)$;如果ξ是负值,它就绕着另一个极点$(0,-ia)$。若干个这样的圆如图4-2-4所示。它们形成一簇共轴圆,而以两个极点为极限点。而在整个平面内,η的范围是$-\pi \sim \pi$。

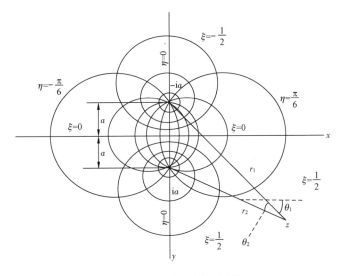

图4-2-4　双极坐标示意图

对于简化后的偏心圆筒套管磨损模型,如图4-2-5所示,通常采用式(4-2-62)所定义的双极坐标。

$$z = iath\frac{\zeta}{2} = \frac{a\sin\eta}{ch\xi - \cos\eta} + i\frac{ash\xi}{ch\xi - \cos\eta} \tag{4-2-62}$$

$$z = x + iy, \zeta = \xi + in \tag{4-2-63}$$

因此:

$$x = \frac{a\sin\eta}{ch\xi - \cos\eta} \qquad y = \frac{ash\xi}{ch\xi - \cos\eta} \tag{4-2-64}$$

当$\xi = \xi_0 = \text{const}$时,式(4-2-64)表示一个圆的参数方程。事实上,令$\xi = \xi_0$代入式(4-2-64),消去η后得:

$$x^2 + (y - a\operatorname{cth}\xi_0)^2 = a^2\operatorname{csch}^2\xi_0 \qquad (4-2-65)$$

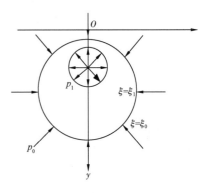

图 4-2-5　偏心圆筒模型应力计算图
p_0—外压力；p_1—内压力

这是一个圆心在 y 轴上，与原点相距为 $a\operatorname{ch}\xi_0$、半径为 $a\operatorname{csch}\xi_0$ 的圆。当 $\xi = \xi_1$（另一常数）时，式（4-2-65）则表示一个圆心在 y 轴上，与原点相距为 $a\operatorname{cth}\xi_1$、半径为 $a\operatorname{csch}\xi_1$ 的圆。对于偏心圆筒磨损模型，如采用这种双极坐标来求解，则较为方便。如此，令 $\xi = \xi_0$ 表示偏心圆筒的外边界，$\xi = \xi_1$ 表示偏心圆筒的内边界。当已知两圆的半径及中心距后，就可以确定常数 a、ξ_0 和 ξ_1。

由图 4-2-5 可知，从 y 轴左侧开始，绕 $\xi = \mathrm{const}$ 的任意一个圆逆时针转一周时，坐标 η 从 $-\pi$ 改变到 π，这表明应力和位移的函数在 $\eta = \pi$ 与在 $\eta = -\pi$ 处应有相同的值，也就是说，它是 η 的以 2π 为周期的函数。取如下形式的复变函数：$\operatorname{ch}\zeta$，$\operatorname{sh}\zeta$。它们是 η 的周期函数，周期为 2π。由于问题是关于 y 轴对称的，因此应力函数也必须是关于 y 轴对称的。为此，可选取复势：

$$\psi(z) = iB\operatorname{ch}\zeta + iC\operatorname{sh}\zeta + Az,\ x(z) = aB\operatorname{sh}\zeta + aC\operatorname{ch}\zeta + aD\zeta \qquad (4-2-66)$$

用复势表示的曲线坐标中的应力方程如下：

$$\sigma_\xi + \sigma_\eta = 2[\psi'(z) + \overline{\psi'(z)}]$$

$$\sigma_\eta - \sigma_\xi + 2i\tau_{\xi\eta} = 2e^{2ia}[\bar{z}\psi''(z) + x''(z)]$$

并考虑到

$$z = ia\operatorname{cth}\frac{1}{2}\zeta$$

$$e^{2ia} = \frac{\mathrm{d}z}{\mathrm{d}\zeta} \Big/ \frac{\mathrm{d}\bar{z}}{\mathrm{d}\bar{\zeta}} = -\operatorname{sh}^2\frac{1}{2}\bar{\zeta}\operatorname{csch}^2\frac{1}{2}\zeta \qquad (4-2-67)$$

便可得到

$$a(\sigma_\xi + \sigma_\eta) = 2B(2\operatorname{sh}\xi\cos\eta - \operatorname{sh}2\xi\cos2\eta) - 2C(1 - 2\operatorname{ch}\xi\cos\eta + \operatorname{ch}2\xi\cos2\eta) + 4aA$$

$$(4-2-68)$$

$$a(\sigma_\eta - \sigma_\xi + 2I\tau_{\xi\mu}) = -2B[(\operatorname{sh}2\xi - 2\operatorname{sh}2\xi\cos\xi\cos\eta + \operatorname{sh}2\xi\cos2\eta) -$$

$$i(2\operatorname{ch}2\xi\operatorname{ch}\xi\sin\eta - \operatorname{ch}2\xi\sin2\eta)] + 2C[-\operatorname{ch}2\xi + 2\operatorname{ch}2\xi\operatorname{ch}\xi\cos\eta - \operatorname{ch}2\xi\cos2\eta +$$

$$i(2\operatorname{sh}2\xi\cos\xi\sin\eta - \operatorname{sh}2\xi\sin2\eta)] + D[\operatorname{sh}2\xi - 2\operatorname{sh}\xi\cos\eta - i(2\operatorname{ch}\xi\sin\eta - \sin2\eta)]$$

$$(4-2-69)$$

其中，待定系数 A、B、C 和 D 应由边界条件来确定。在偏内边界上，即当 $\xi = \xi_0$、$\xi = \xi_1$ 时，$\tau_{\xi\eta} = 0$，因此有：

$$D - 2Bch2\xi_0 - 2Csh2\xi_0 = 0 \qquad (4-2-70)$$

$$D - 2Bch2\xi_1 - 2Csh2\xi_1 = 0 \qquad (4-2-71)$$

由式(4-2-70)和式(4-2-71)可求得:

$$2B = D\frac{ch(\xi_1 + \xi_0)}{ch(\xi_1 - \xi_0)} \qquad (4-2-72)$$

$$2C = -D\frac{sh(\xi_1 + \xi_0)}{sh(\xi_1 - \xi_0)} \qquad (4-2-73)$$

又当 $\xi = \xi_0$ 时,即在偏心圆的外边界上, $\sigma_\xi = -p_0$;当 $\xi = \xi_1$ 时,即在偏心圆的内边界上, $\sigma_\xi = -p_1$。根据正应力 σ_ξ 的表达式有:

$$2A + \frac{D}{a}sh^2\xi_0 th(\xi_1 - \xi_0) = -p_0 \qquad (4-2-74)$$

$$2A - \frac{D}{a}sh^2\xi_1 th(\xi_1 - \xi_0) = -p_1 \qquad (4-2-75)$$

由式(4-2-74)和式(4-2-75)可求出:

$$A = -\frac{1}{2}\frac{p_0 sh^2\xi_1 + p_1 sh^2\xi_0}{sh^2\xi_1 + sh^2\xi_0} \qquad (4-2-76)$$

$$D = -a\frac{(p_0 - p_1)cth(\xi_1 - \xi_0)}{sh^2\xi_1 + sh^2\xi_0} \qquad (4-2-77)$$

确定了常数 A、B、C 和 D,也就确定了复势 $\psi(z)$ 和 $x(z)$。

偏心圆筒模型径向应力表达式为:

$$\sigma_\xi = \begin{bmatrix} 2cos\eta sh(\xi - \xi_1 - \xi_0) + \\ sh(2\xi - \xi_1 - \xi_0)(1 - 2ch\xi cos\eta) + \\ (2sh\xi cos\eta - sh2\xi)ch(\xi_1 - \xi_0) + sh(\xi_1 + \xi_0) \end{bmatrix}\begin{bmatrix} \frac{p_1 - p_0}{2msh(\xi_1 + \xi_0)} \end{bmatrix} - \frac{p_1 sh^2\xi_0 + p_0 sh^2\xi_1}{m}$$

$$(4-2-78)$$

偏心圆筒模型环向应力表达式为:

$$\sigma_\eta = \begin{bmatrix} 2cos\eta sh(\xi - \xi_1 - \xi_0) + \\ sh(2\xi - \xi_1 - \xi_0)(-2ch2\eta - 1 + 2ch\xi cos\eta) + \\ (-2sh\xi cos\eta + sh2\xi)ch(\xi_1 - \xi_0) + sh(\xi_1 + \xi_0) \end{bmatrix}\begin{bmatrix} \frac{p_1 - p_0}{2msh(\xi_1 + \xi_0)} \end{bmatrix} - \frac{p_1 sh^2\xi_0 + p_0 sh^2\xi_1}{m}$$

$$(4-2-79)$$

偏心圆筒模型剪应力表达式为:

$$\tau_{\xi\eta} = \frac{1}{2}(\sin2\eta - 2\mathrm{ch}\xi\sin\eta)\left[1 - \frac{\mathrm{ch}(2\xi - \xi_1 - \xi_0)}{\mathrm{ch}(\xi_1 - \xi_0)}\right]\left[\frac{(p_1 - p_0)\mathrm{cth}(\xi_1 - \xi_0)}{m}\right]$$

$$(4 - 2 - 80)$$

其中:

$$m = \mathrm{sh}^2\xi_1 + \mathrm{sh}^2\xi_0$$

下面以 $\phi139.7\mathrm{mm} \times 7.7\mathrm{mm}$ N80 套管为例,图示说明剩余壁厚为 4.2mm 时的偏心圆筒模型应力分布。

(1)内壁磨损套管只在外压 p_0 作用下,外表面环向应力分布(系数 f_1)如图 4 - 2 - 6 所示。

(2)内壁磨损套管只在外压 p_0 作用下,内表面环向应力分布(系数 f_2)如图 4 - 2 - 7 所示。

(3)内壁磨损套管只在内压 p_1 作用下,内表面环向应力分布(系数 f_4)如图 4 - 2 - 8 所示。

(4)内壁磨损套管只在内压 p_1 作用下,外表面环向应力分布(系数 f_3)如图 4 - 2 - 9 所示。

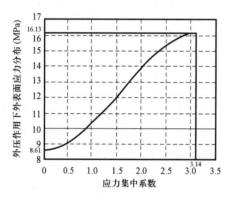

图 4 - 2 - 6　外压作用下外表面应力分布图

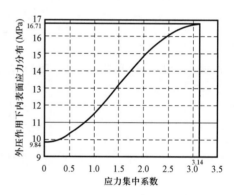

图 4 - 2 - 7　外压作用下内表面应力分布

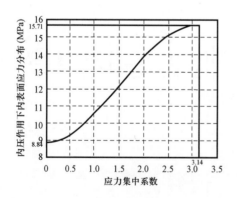

图 4 - 2 - 8　内压作用下内表面应力分布图

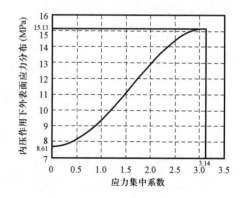

图 4 - 2 - 9　内压作用下外表面应力分布

(五)水泥环对套管强度的影响

针对水泥环性质对套管强度的影响所开展的研究已经较为广泛,人们对水泥环性质对套管强度影响的认识也更加全面和理性,但结论并不完全一致。尽管如此,以下观点趋于认同:胶结良好的水泥环可以卸载套管的大部分轴向载荷,故从另一方面来说,即是提高了套管的抗拉(压)强度;水泥环对套管抗挤强度和抗内压强度的影响取决于多个因素,如套管和水泥环的几何尺寸、力学性能和地层岩石性质等。水泥环对套管抗挤强度的影响系数计算公式可以写为:

$$K_{OS} = \frac{f_2}{f_0 + f_1} \qquad (4-2-81)$$

$$f_0 = \frac{1 + \mu_c}{E_c} \frac{R_o R_i^2 + (1 - 2\mu_c)R_o^3}{R_o^2 - R_i^2} \qquad (4-2-82)$$

$$f_1 = \frac{1 + \mu_s}{E_s} \frac{(1 - 2\mu_s)R_o^3 + (R_o + t_s)^2 R_o}{2R_o t_s + t_s^2} \qquad (4-2-83)$$

$$f_2 = \frac{1 + \mu_s}{E_s} \frac{2(1 - \mu_s)(R_o + t_s)^2 R_o}{2R_o t_s + t_s^2} \qquad (4-2-84)$$

式中　K_{OS}——水泥环对套管抗挤强度的影响系数;

　　　μ_c, μ_s——套管和水泥环的泊松比;

　　　E_c, E_s——套管和水泥环的弹性模量,GPa;

　　　R_i, R_o——套管的内径、外径,mm;

　　　t_s——水泥环厚度,mm。

经过管材所理论分析和全尺寸实物挤毁试验(套管胶结水泥环)结果进一步说明,水泥环厚度和泊松比对套管抗挤强度的影响不大,一般情况下可以忽略不计,水泥环弹性模量对套管抗挤强度的影响较大。可以得到如下结论:

(1)水泥环对于提高套管柱整体抗挤毁能力较其提高抗破裂能力的作用更大。

(2)弹性力学分析和全尺寸试验的结果吻合。在封固均匀完好的情况下,水泥环对提高套管抗挤强度有一定辅助作用,但作用不大,理论分析的结果是不超过10%,试验研究的结果是不超过5%。综合考虑,水泥环对提高套管抗挤强度的辅助作用小于5%。

(3)在套管强度设计时不考虑水泥环的影响。

(4)现场应从对套管强度的辅助作用、防腐蚀、封隔地层等多方面综合考虑,确定是否需要进行注水泥作业。

同时,水泥环对套管抗内压强度的影响规律与套管抗挤强度类似,但由于套管在承受内压时,套管及水泥环主要承受环向拉应力,由于水泥石的抗拉强度远远低于其抗压强度(仅为抗压强度的1/12~1/10),也远低于套管的屈服强度。研究发现,即使地层岩石的存在可以提供一定的约束,但由于岩石的性质更接近水泥石而非套管。因此,套管在承受内压时,能够抵消内压或降低套管负载的主要是地应力等形成的外挤压力,而非岩石和水泥环的约束作用。因此,水泥环对提高套管抗内压强度的影响小于其对套管抗挤强度的影响这一结论是正确的。

关于更多的解释说明可以参见林凯等发表的文章《水泥环对套管强度影响的理论和试验研究》[7]。

三、套管剩余强度计算方法

套管剩余强度的计算方法可分为一般方法和精确方法。

一般方法,即根据 SY/T 6477—2017《含缺陷油气管道剩余强度评价方法》提供的方法确定最小壁厚,并以此为参量,按照本节"一、套管强度分析计算模型"介绍的套管强度计算方法进行剩余强度计算。这种方法简单可行,在工程上也比较实用。

精确方法,即是按照本节"二、套管强度的影响因素与强度计算"的方法进行剩余强度计算,由于其中涉及材料、环境等各种参数比较多,而且这些参数的精确获取也比较烦琐,一般均选取标准推荐或经验获取的数值,但是这种计算方法更能反映套管本身实际性能。

应用过程中,应根据实际情况来选取采用哪种方法计算比较切实可行。

第三节　储气库套管柱剩余寿命预测

一、基本原则

出现下列情况之一,应计算地下储气库套管的剩余使用寿命:

(1)套管部件材料的某一力学性能值超出设计阶段计算中所使用值的范围;

(2)井下设备、管柱和井的支承结构之间相互作用的设计条件发生变化时;

(3)所发现的缺陷尺寸大于现有规范性文件和(或)设计资料、工艺资料和生产资料中所指定的许可值;

(4)整体或局部腐蚀或者冲蚀导致的管壁变薄量超过设计计算时的采用的数值;

(5)在正常运行条件下,地下储气库井的设备、结构部件和管所承受的负荷值或支承结构的硬度性能值与设计值之间的偏差超过5%;

(6)在地下储气库某一井段或某个装置区域,金属累计损伤值达到或超过设计资料中所规定的最大容许值。

二、套管柱剩余使用寿命

(1)在最简单的情况下,井的剩余使用寿命是指管柱的剩余使用寿命。套管柱的剩余使用寿命计算公式如下:

$$T_e = \frac{t_{cmn} - t_{cr}}{v_k} \qquad (4-3-1)$$

式中　T_e——管柱剩余使用寿命,a;

　　t_{cmn}——管柱实际剩余厚度,mm;

　　t_{cr}——指定工作压力下的管柱临界厚度,mm;

　　v_k——管柱腐蚀磨损速度,mm/a。

(2)指定工作压力下的管柱临界壁厚按照式(4-3-2)计算:

$$t_{cr} = \frac{S_i K_o p_{ie} D}{2k_t f_{ymn}} + \beta \qquad (4-3-2)$$

式中 S_i——套管额定抗内压安全系数；

K_o——套管试压时的过压系数；

p_{ie}——有效内压力，MPa；

D——套管外径，mm；

k_t——考虑套管壁厚偏差的系数，$k_t = 0.875$；

f_{ymn}——套管最小屈服强度，MPa；

β——套管螺纹处减薄修正值，mm。

（3）套管腐蚀速率计算公式。

① 一般计算公式为：

$$v_k = \frac{\Delta t}{\Delta T} \qquad (4-3-3)$$

其中：

$$\Delta t = t_c - t_{cmin}$$

式中 ΔT——两次地球物理测井之间所经过时间或在从井投入运行起至当前研究时刻期间，a；

Δt——在两次地球物理测井之间所经过时间 ΔT 内的套管壁厚变化量，或在从井投入运行起至当前研究时刻期间内发生的壁厚变化，mm；

t_c——套管名义壁厚，mm；

t_{cmin}——套管实测最小壁厚，mm。

② 当管壁的腐蚀损伤具有非线性特征时，电化学腐蚀速率采用式（4-3-4）和式（4-3-5）计算：

$$v_k = \frac{t_k}{AT_k^2 + BT_k + C} \qquad (4-3-4)$$

$$v_k = \frac{t_k}{2.5T_k} \qquad (4-3-5)$$

式中 T_k——套管金属腐蚀时间，a；

t_k——金属腐蚀凹坑深度，mm；

A——金属腐蚀深度的倒数，mm^{-1}；

B——腐蚀线性速率的倒数，a/mm；

C——腐蚀加速度倒数，a^2/mm。

③ 当计算腐蚀速率所需的数据不够时，可以利用表4-3-1。

计算耐腐蚀强度的目的在于确定或明确受腐蚀冲蚀损伤作用的地下储气库井结构部件的尺寸缩减速度。只有通过对处于临界状态（在技术检测阶段发现的）的井段的相关计算，才可以限定剩余使用寿命。

表 4 - 3 - 1　腐蚀性介质分类表

腐蚀性	含碳钢		
	腐蚀速率(mm/a)	耐久度(级)	强度下降(%)
非腐蚀性	<0.01	1~3	0
微腐蚀性	0.01~0.05	4~5	<5
中等腐蚀性	0.05~0.5	6	<10
强腐蚀性	>0.5	7	>20

第四节　储气库套管柱安全运行期限

一、基本原则

(1)储气库套管柱应在安全生产期限内运行,新投产储气库套管柱的安全生产期限宜在储气库设计时确定。

(2)对于达到设计资料中指定的安全生产期限的地下储气库套管柱,在未进行安全生产评价且未采取延长安全运行期限的措施情况下,不得继续生产。

(3)对于设计时未指定安全生产期限的井,应根据 Q/SY 05486—2017《地下储气库管柱安全评价方法》和技术状态分析结果,并在考虑地下储气库组别、井类型及其生产条件的情况下确定其生产期限。

二、地下储气库分类

(1)根据井产物中腐蚀活性组分的存在情况以及储层的稳定程度,地下储气库可分为两类:第一类——在其产物中不含腐蚀活性组分的已枯竭气田、凝析气田和油田、含水层里建设的地下储气库;第二类——在其产物中含有腐蚀活性组分的已枯竭气田、凝析气田和油田、含水层里建设的地下储气库。

(2)根据用途的不同,地下储气库井分为两种类型:第一类——生产井(注气井和采气井);第二类——特种用途井(观测井、测压井、检查井、地球物理井及其他)。

三、安全生产期限

(1)未经设计方许可,或未经安全生产评价,不应改变储气库井的设计安全生产期限、生产条件和工艺制度。

(2)储气库设计时未确定安全生产期限的新投产储气库井,安全生产期限不得超过表 4 - 4 - 1规定,且不应改变生产条件和工艺制度。

(3)地下储气库井安全生产期限达到表 4 - 4 - 1规定生产期限,或出现异常,或生产不能满足生产条件和工艺制度时,应进行安全生产评价,根据评价结果确定是否继续运行。

(4)经安全生产评价确定可延长安全生产期限的井,其延长安全生产期限应根据储气库井的技术检测、剩余寿命评估及整体评价结果确定,且第一个延长安全生产期限不应超过表4-4-2规定,第二个延长安全生产期限不应超过第一个延长安全生产期限,依此类推。安全生产评价应在安全生产期限或延长安全生产期限到期前3个月内进行。

(5)对已废弃又重新利用的地下储气库井,应在安全生产评价后确定生产。

(6)对泄漏量在100m³/d以上的地下储气库井,应停止生产,进行安全生产评价。

(7)实际延长安全生产期限应根据每个具体井的技术检测结果和剩余使用寿命计算来确定。该期限不得超过表4-4-1和表4-4-2中规定的期限。

表4-4-1 新投入储气库井安全生产期限

地下储气库类别	安全生产期限(a)	
	生产井	观测井、测压井、检查井、地球物理井及其他用途井(构造内的井同生产井)
1	≤20	≤25
2	≤10	≤15

表4-4-2 储气库井的第一个延长安全生产期限

地下储气库类别	安全生产期限(a)	
	生产井	观测井、测压井、检查井、地球物理井及其他用途井(构造内的井同生产井)
1	≤12	≤15
2	≤5	≤7

参 考 文 献

[1] 丁国生,李春,王皆明,等.中国地下储气库现状及技术发展方向[J].天然气工业,2015,35(11):107-112.

[2] 刘坤,何娜,张毅,等.相国寺储气库注采气井的安全风险及对策建议[J].天然气工业,2013,33(9):131-135.

[3] 刘文忠.相国寺储气库注采井完整性技术探索与实践[J].钻采工艺,2017,40(2):27-30.

[4] 肖勇.套管损坏机理、检测方法和套损预测研究[D].大庆:大庆石油学院,2007.

[5] 朱君.多臂井径测井技术在油田套损检测领域的应用[J].国外测井技术,2008,23(4):54-56.

[6] 李保民,赵大华,李会文.井壁超声成像测井在套管检测中的应用[J].测井技术,1997,21(4):300-302.

[7] 林凯,杨龙,廖凌,等.水泥环对套管强度影响的理论和试验研究[J].石油机械,2004(5):13-16.

第五章　气藏型储气库风险控制技术及措施

与常规气井相比,储气库井服役周期长,一般在 30 年以上;地层压力系数不衰减,长期保持在 0.9 左右;注采交替变化,注气和采气双向流动,压力和温度交替。油田在进行管柱设计时使用的仍是强度设计方法[1],并选用气密封螺纹接头,但未考虑拉压交变载荷和接头压缩性能,也是造成储气库井管柱泄漏或带压严重的原因之一。因各生产厂特殊螺纹接头的耐压缩性能(压缩效率)参差不齐,压缩效率 30% ~ 100% 都有,一旦选用不合适极易造成管柱泄漏。因此,在选择储气库管柱螺纹接头和管柱设计时,必须考虑管柱交变载荷以及接头的耐压缩性能。同时,储气库井注入干气(含 2% CO_2,不含 H_2S),采出气低含水(水气比约 $0.01m^3/10^4m^3$),而现有标准中 CO_2 腐蚀条件均是 100% 液体环境,在建储气库均是依据现有标准进行选择,造成注气介质相同而材质选择各异,从碳钢、普通 13Cr 到超级 13Cr 均有使用,投资成本相应增加 5 倍以上,亟须合理控制腐蚀,同时降低投资成本。另外,环空带压井处置和动设备故障诊断的问题也亟须技术支撑。

第一节　储气库管柱运行特征

一、现有储气库工况和选材特点

地下储气库注采管柱(注采完井管柱)是保证气体注入、采出的安全通道,储气库井设计寿命在 30 年以上,对注采管柱同样提出更高的要求,要确保 30 年或更长期限内注采管柱的运行安全,但是从国内已建成的大港储气库群、京 58 储气库群等储气库井油套环空带压反映出注采管柱泄漏问题,尽管注采管柱采用的是气密封特殊螺纹,但密封问题依然凸显。地下储气库注采管柱不同于一般采气井完井管柱,注气/采气压力从最小 13MPa 到最大 42MPa,压力波动变化较大,关键是注采周期频繁交替带来拉压交变载荷影响管柱服役。一般天然气井主要是采气,完井管柱主要承受拉伸载荷。而对于储气库井,采气时完井管柱依然主要承受拉伸载荷,注气时则主要承受压缩载荷,有时压缩载荷高达管柱额定抗拉强度的 80% 以上,此时管柱单独考虑拉伸下的气密封性已明显不足。而在现场所采用的氮气密封检测,均是在拉伸状态下进行,均未考虑拉伸 + 压缩循环后的气密封效果。

同样在储气库井生产作业期间,出现 A 环空和 B 环空带压,尤其是 A 环空出现大的压力波动变化,即注采管柱内压力、温度的交变对套管柱(尤其是生产套管柱)的影响,以及生产套管柱也应考虑这种拉压交变载荷下的密封性。

从国内已建成运行的大港储气库群储气库井来看,大多运行不到 10 年出现油套环空带压(A 环空带压)(表 5 - 1 - 1),部分井出现技术套管带压(B 环空带压),使井的危险性增加。此外,较高的环空压力变化对生产套管柱的影响尚有待明确。

表 5-1-1 大港储气库群储气库井压力情况

井号	油压(MPa)	套压(油套环空)(MPa)
库 5-1	28.4	8.9
库 5-2	23.8	20.3
库 5-3	22.5	5.7
库 5-4	25.2	25.0
库 5-5	4.5	14.0
库 5-6	25.0	13.8
库 5-7	24.2	8.0
库 5-8	22.2	3.5
库 6-1	29.2	7.5
库 6-2	29.0	7.9
库 6-3	29.0	9.0
库 6-4	8.5	8.8
库 6-5	29.0	9.5
库 6-6	29.0	10.7

从表 5-1-1 中发现,库 5-4 井的油压和套压基本一致,说明注采管柱的密封完整性已丧失。从后期提出的注采管柱发现,油管从外表面腐蚀穿孔(图 5-1-1),初步分析原因为 CO_2 腐蚀造成。油套环空虽已充满保护液,但在环空长期带压状态下,气体中 2% 左右的 CO_2 逐步溶于溶液中,造成管柱处于酸性环境中。

图 5-1-1 油管外表面腐蚀穿孔

国内外对储气库套管和油管的选材仍多依据 API、ISO 标准,同时采用各种井下检测手段,以确保储气库注采管柱后期运行的安全性。但从现场检测结果发现,储气库每口井基本上全是油套环空带压生产,地下储气库注采管柱的失效多以接头泄漏为主,因此气密封螺纹接头的选择在管柱选材中应予以重点考虑。ISO 标准指出,对气密封螺纹接头应进行 1.5 周次(逆时针→顺时针→逆时针)的气密封循环试验,但对于储气库注采管柱的 30 年运行周期远远不够;另外,从该标准中发现,管柱在拉伸载荷下的密封性能良好,但在拉伸→压缩→拉伸载荷下管柱存在泄漏风险,因此在标准中提出了接头与管体强度等效、不等效的概念。

此外,国外枯竭型储气库井深多在 800～2000m 范围内,而国内井深多在 2300～4500m 范围内,最大注气压力高达 48.5MPa,说明国内地下储气库注采管柱所承受的环境载荷要比国外同类储气库复杂得多,技术难度更大。

对中国石油相国寺、呼图壁、双6、板南、苏桥、靖边等 6 座储气库运行工况进行了详细调研,与常规气井相比工况差异较大(表 5-1-2)[2-3],但在管柱选用与设计方面未凸显工况的差异性[4],是引起系列失效和隐患风险的主要原因之一,如产生环空带压、管柱泄漏、腐蚀等风险事故。

表 5-1-2 工况差异对比

序号	属性		井类	
			常规气井	储气库井
1	设计周期(a)		10～20	>30
2	气质		H_2S 或与 CO_2 共存,湿气	部分气藏含 H_2S,注入气含 CO_2,注入干气,采出气低含水
3	载荷	运行	采气	注气、采气
		地层压力系数	逐年衰减,低至 0.3 左右	保持在 0.9 左右
		管柱内压力	逐年衰减	交替变化
		温度	定值	交替变化
		环空带压	A 环空、B 环空带压	A 环空、B 环空带压及其注采压力交替变化对其影响

结合储气库运行工况特征,与常规气井相比,为解决管柱完整性问题,继续解决以下难题:(1)储气库管柱螺纹接头选择和管柱密封设计难题;(2)低含水率下腐蚀选材与材质匹配技术难题。针对这些问题,研究提出了交变载荷下储气库管柱气密封螺纹接头优选方法和低含水工况下储气库管柱腐蚀选材方法。

二、储气库管柱腐蚀服役环境分析

CO_2 对管材的腐蚀速率取决于 CO_2 在水溶液中的含量,而水溶液中 CO_2 含量基本上与 CO_2 分压成正比,所以一般以 CO_2 分压作为预测系统腐蚀的主要判据。

中国石油现有 6 座储气库的主要腐蚀工况为 CO_2 分压不超过 0.8MPa(个别井达 1.16MPa),温度为 90℃,Cl^- 浓度在 10000mg/L 以内,同时因材质成分不同,各构件间存在电化学腐蚀的可能。

油管和套管腐蚀选材标准主要是 ISO 15156-3:2015《石油和天然气工业 油气开采中用于含 H_2S 环境的材料 第 3 部分:抗开裂 CRAs(耐蚀合金)和其他合金》和 GB/T 20972.2—

2008《石油天然气工业 油气开采中用于含硫化氢环境的材料 第2部分：抗开裂碳钢、低合金钢和铸铁》，但是这些标准着重于含H_2S环境的选材。依据腐蚀介质不同，石油管材专业标准化技术委员会制定了针对性的选材标准，具体有SY/T 6857.1—2012《石油天然气工业特殊环境用油井管 第1部分：含H_2S油气田环境下碳钢和低合金钢油管和套管选用推荐做法》、Q/SY TGRC 2—2009《含H_2S油气田环境下碳钢和低合金油管和套管选用推荐作法》、Q/SY TGRC 3—2009《耐蚀合金套管和油管》、Q/SY TGRC 18—2009《含CO_2腐蚀环境中套管和油管选用推荐作法》等标准，尤其是Q/SY TGRC 18—2009标准主要针对含CO_2环境选材。

在Q/SY TGRC 18—2009标准中明确规定了CO_2腐蚀环境下的油套管选材要求，具体如下。

(一)低CO_2分压腐蚀环境

当CO_2分压小于0.021MPa时，由于腐蚀环境的腐蚀程度较轻或无腐蚀，这时井下油管、套管选材很简单，只需要选用一般的碳钢就可以，如N80系列钢、P110钢和J55钢都可以，也无须其他的防护措施。

(二)中低压CO_2分压腐蚀环境

当0.021MPa<CO_2分压<0.21MPa时，这种腐蚀环境的腐蚀程度属于中等，选用普通碳钢，如N80系列钢、P110钢和J55钢都可以，但相对于轻度腐蚀环境，这时油管、套管使用寿命将相对缩短。如果要减轻腐蚀程度，可以通过加注缓蚀剂来延长油管、套管的寿命。由于在较高温度下无合适缓蚀剂加注，因此当温度较高时，推荐直接选用13Cr－95、13Cr－110钢。

(三)中压CO_2分压腐蚀环境

当0.21MPa<CO_2分压<1.0MPa时，这种腐蚀环境的腐蚀程度属于严重腐蚀，其选材原则是选用碳钢，如N80系列钢、P110钢或J55钢与加注缓蚀剂协同作用，或者直接选用普通13Cr钢，如L80－13Cr钢等都可以。当腐蚀介质中的Cl^-浓度超过50000mg/L时，应选用普通13Cr钢，以抑制材料的局部腐蚀或点蚀发生。如果要节省井下油管、套管的投资费用并能够解决好电偶腐蚀时，在碳钢腐蚀速率最大范围所对应的温度80～120℃井深段采用普通13Cr钢，既可达到较好的防腐效果，同时也可获得较好的经济效益。当温度低于150℃时，选用13Cr－80、13Cr－85钢；当温度低于175℃时，则选用13Cr－95、13Cr－110钢。

(四)中高压CO_2分压腐蚀环境

当1.0MPa<CO_2分压<7.0MPa时，这种腐蚀环境的腐蚀程度属于极严重腐蚀，这时井下油管、套管的保守选材直接采用HP13Cr或SM13Cr钢。选用普通13Cr钢时，管材的使用寿命就可能较短，可以通过加注缓蚀剂的方法延长管材的寿命。由于普通13Cr钢的耐点蚀性能不如HP13Cr或SM13Cr钢，因此当腐蚀介质中Cl^-浓度超过150000mg/L时，井下油管、套管宜选用HP13Cr或SM13Cr钢。当温度低于150℃时，选用HP13Cr－80、HP13Cr－85或SM13Cr－80、SM13Cr－85钢；当温度低于175℃时，选用HP13Cr－95、HP13Cr－110或SM13Cr－95、SM13Cr－110钢。

(五)高压CO_2分压腐蚀环境

当CO_2分压大于7.0MPa时，环境的腐蚀程度已属于极强严重腐蚀，这时井下油管、套管选材主要还是采用 HP13Cr 或 SM13Cr 钢，但由于腐蚀环境系统的总压很高，因而要求管材强度要高。温度不同，管材的力学强度有所差异，温度越高，管材强度要求越高。当温度低于 150℃ 时，选用 SM13Cr - 80、SM13Cr - 85 钢；当温度低于 175℃ 时，则选用 SM13Cr - 95、SM13Cr - 110 钢。

(六) 超高压 CO_2 分压腐蚀环境

当 CO_2 分压大于 100MPa 时，此时环境已属于超高压的腐蚀环境且所处温度也相当高，一般在油田很少见，其所选管材要具有足够的力学强度和强耐蚀性，如 SM22Cr - 110、SM22Cr - 125 钢或 SM25Cr - 110、SM25Cr - 125 钢等。

国际上依据 H_2S 分压、CO_2 分压和温度三个环境参数，制定了如图 5 - 1 - 2 所示的选材推荐做法，另有生产厂家进一步细化为图 5 - 1 - 3 所示的选材推荐做法。但这些选材做法中，缺少考虑 Cl^- 浓度、温度、流率、酸度等因素。

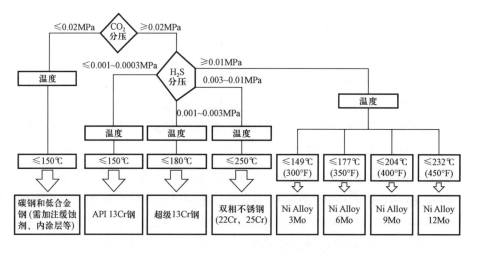

图 5 - 1 - 2　H_2S 分压、CO_2 分压和温度条件下选材

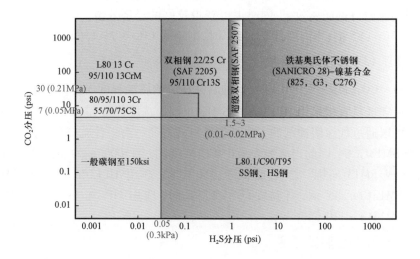

图 5 - 1 - 3　H_2S 分压和 CO_2 分压条件下选材

中国石油 6 座储气库腐蚀环境主要为中压 CO_2 分压腐蚀环境,个别为中高压 CO_2 分压腐蚀环境,同时考虑有无 H_2S 影响,造成腐蚀选材从碳钢、普通 13Cr 到超级 13Cr 都有。现有标准中 CO_2 腐蚀条件均是 100% 液体环境,应考虑储气库实际工况进行选材,油管内为低含水高压气,油管外为环空保护液,套管内为环空保护液,套管外与地层水接触。因此,建议套管按照液相环境进行选材研究,油管按照低含水环境进行选材分析[2]。

第二节 储气库管柱材质选用技术要求

一、基本原则

储气库油管和套管的选用应符合 SY/T 6268—2017《油井管选用推荐作法》规定。储气库油管和套管的性能应符合 GB/T 19830—2017《石油天然气工业 油气井套管或油管用钢管》、GB/T 23802—2015《石油天然气工业 套管、油管和接箍毛坯用耐腐蚀合金无缝管交货技术条件》、GB/T 9253.2—2017《石油天然气工业 套管、油管和管线管螺纹的加工、测量和检验》、GB/T 20657—2022《石油天然气工业 套管、油管、钻杆和用作套管或油管的管线管性能公式及计算》和订货补充技术条件的要求。

储气库油管和套管应选用无缝钢管,且应符合 GB/T 19830—2017 PSL-2 及以上等级要求。对于 N80 油管和套管,宜选用符合 GB/T 19830—2017 规定的 N80Q 油管和套管。

二、尺寸公差

(一)外径

外径 D 小于 114.3mm 的油管,外径公差应为 ±0.79mm;外径 D 不小于 114.3mm 的套管,外径公差应为 $-0.5\%D \sim 1\%D$。管子不圆度应不大于 0.8%。

(二)壁厚

管子壁厚 t 公差应为 $-10\%t$。任何部位的管子壁厚不应小于 $90\%t$。

(三)直度

管子直度(偏离直线或弦高)不应超过如下规定:
(1)从管子一端测量至另一端总长度的 0.2%;
(2)在每端 1.5m 长度范围内的偏离距离应不超过 2.98mm。

三、材料理化性能

(一)化学成分

不同钢级产品化学成分应符合表 5-2-1 规定。经采购方与制造商协商,也可交付表 5-2-1 规定以外的类型的管材成分。

表 5-2-1　化学成分要求

钢级	类型	成分[%（质量分数）]										Cu（max）	P（max）	S（max）	Si（max）
		C		Mn		Mo		Cr		Ni					
		min	max	min	max	min	max	min	max	min	max				
N80	Q	—	—	—	—	—	—	—	—	—	—	—	0.020	0.015	—
L80	1	—	0.43①	—	1.90	—	—	0.85	—	—	0.25	0.35	0.020	0.015	0.45
L80	13Cr	0.15	0.22	0.25	1.00	—	—	12.0	14.0	—	0.50	0.25	0.020	0.010	1.00
T95	1	—	0.35	—	1.20	0.15	0.85	0.40	1.50	—	0.99	—	0.020	0.010	—
P110	—	—	—	—	—	—	—	—	—	—	—	—	0.020	0.010	—
110	Cr13M	—	0.03	0.10	0.60	1.00	1.50	12.0	14.0	3.0	5.0	—	0.015	0.005	0.50
110	Cr13S	—	0.03	—	0.50	1.50	3.00	11.5	13.5	4.5	6.5	—	0.015	0.005	0.50
Q125	1	—	0.35	—	1.35	—	0.85	—	1.50	—	0.99	—	0.015	0.010	—

① 若产品采用油淬,则 L80 钢级的碳含量上限可增加到 0.50%。

（二）夏比 V 形缺口冲击吸收能要求

不同钢级产品的接箍和管体全尺寸吸收能要求应不小于表 5-2-2 和表 5-2-3 中相应的要求。

表 5-2-2　接箍最低夏比吸收能要求

钢级	温度（℃）	10mm×10mm 夏比冲击 CVN 试样吸收能（J）	
		横向	纵向
N80Q		36	80
L80		31	68
T95	0	36	80
P110		46	90
Q125		60	100

表 5-2-3　管体最低夏比吸收能要求

钢级	温度（℃）	10mm×10mm 夏比冲击 CVN 试样吸收能（J）	
		横向	纵向
N80Q		26	58
L80		26	58
T95	0	31	68
P110		40	80
Q125		60	100

（三）晶粒度

所有钢级产品的实际晶粒度应为 8 级或更细。

四、无损检测

所有钢级产品应进行全管体、全长无损检验,应在最终热处理及旋转矫直作业之后进行。

所有钢级产品管体表面不得有裂纹、折叠、凹坑和结疤等缺陷。所有钢级产品应依据 GB/T 19830—2017 规定,采用一种或多种无损检测方法按验收等级 L2 检验内、外表面上的纵向和横向缺欠。

第三节　储气库管柱气密封螺纹选用控制技术

一、气密封螺纹试验数据统计与筛选

针对现有各种气密封特殊螺纹类型,查阅中国石油集团石油管工程技术研究院自 1989 年以来的质量检验、试验研究、失效分析、检验等上万份报告,从中挑选特殊螺纹接头的试验报告 200 多份,并对宝钢、天钢、希姆莱斯、住友金属、JFE 钢铁、TGRC 等国内外知名企业设计或生产的特殊螺纹接头的气密封实物性能进行了详细的剖析,并对其关键试验参数点进行汇总对比(表 5 – 3 – 1),多数在 10%~40% 之间施加压缩载荷进行气密封试验,不能满足压力、井深变化的多样性。

表 5 – 3 – 1　不同厂家和规格的特殊螺纹接头气密封实物性能

厂家	规格	试样量(根)	加载方式	循环方向	单轴压缩载荷达到包络线的百分比(%)	复合压缩载荷达到包络线的百分比(%)	最大狗腿度[(°)/30m]	接头载荷包络线VME(%)	试验结果
A	ϕ244.48mm×11.99mm 140 AC	3	简化 B 系	CCW(逆时针)、CW(顺时针)、CCW	30	10	20	95	未发生泄漏
	ϕ88.90mm×6.45mm 110S A1	3	简化 B 系	CCW、CW、CCW	30	10	20	95	未发生泄漏
	ϕ73.02mm×5.15mm 110S A1	3	简化 B 系	CCW、CW、CCW	30	10	20	95	未发生泄漏
B	ϕ177.80mm×10.36mm 110SS B	3	简化 B 系	CCW、CW、CCW	30	10	20	95	未发生泄漏
	ϕ139.70mm×10.54mm 110S B2	4	B 系	CCW、CW、CCW	60	40	40	95	未发生泄漏
	ϕ244.48mm×11.99mm 140V B	3	简化 B 系	CCW、CW、CCW	30	10	20	95	未发生泄漏
	ϕ177.80mm×12.65mm 140V B	3	简化 B 系	CCW、CW	—	10	20	95	1W、2W 在 CW 载荷点 5 工厂端发生泄漏,3W 在 CCW 载荷点 2 工厂端发生泄漏
	ϕ88.90mm×6.45mm Q125 B3	4	B 系循环	CCW、CW、CCW	50	50	20	95	未发生泄漏

续表

厂家	规格	试样量（根）	加载方式	循环方向	单轴压缩载荷达到包络线的百分比（%）	复合压缩载荷达到包络线的百分比（%）	最大狗腿度[（°）/30m]	接头载荷包络线VME（%）	试验结果
C	φ177.80mm×10.36mm P110 C2	3	简化B系	CCW、CW、CCW	30	10	20	95	未发生泄漏
	φ244.48mm×11.99mm V140 C2	4	简化B系	CCW、CW、CCW	30	10	20	95	1W试样在第一个CCW载荷点3现场端发生泄漏，2W试样在第一个CCW载荷点1现场端发生泄漏，3W试样在第一个CCW载荷点1焊接处断裂，3WR试样未发生泄漏
	φ177.80mm×12.65mm V140 C2	2	简化B系	CCW	—	—	—	—	均在第一个CCW载荷点2时现场端发生泄漏
D	φ339.7mm×12.19mm Q125 D	1	加载循环	CCW、CCW、CCW	95	67	无	95	未发生泄漏
	φ346.1mm×15.88mm Q125 D	1	加载	CCW	78	59	无	78	在第一个CCW载荷点7时工厂端和现场端同时发生泄漏
	φ244.5mm×11.99mm Q125 D	1	加载循环	CCW、CCW、CCW	95	67	无	95	未发生泄漏
	φ250.8mm×15.88mm Q125 D	1	加载循环	CCW、CCW、CCW	95	67	无	95	未发生泄漏
E	φ88.9mm×6.45mm P110 E	1	加载	CCW	80	74	10	80	未发生泄漏
	φ88.9mm×6.45mm P110 E	1	加载	CCW	67	40	—	67~95	未发生泄漏
	φ88.9mm×6.45mm P110 E	1	加载	CCW	—	33	—	80	未发生泄漏
	φ88.9mm×6.45mm P110 E	1	加载	CCW	95	40	—	95	最后一个载荷点管柱失稳

厂家	规格	试样量（根）	加载方式	循环方向	单轴压缩载荷达到包络线的百分比（%）	复合压缩载荷达到包络线的百分比（%）	最大狗腿度[（°）/30m]	接头载荷包络线VME（%）	试验结果
E	φ88.9mm×6.45mm P110 E	1	加载	CCW	80	60	—	95	最后一个载荷点管柱失稳
	φ88.9mm×6.45mm P110 E	1	加载	CCW	62	40	—	40~80	未发生泄漏
	φ88.9mm×7.34mm P110 E	1	拉伸+内压	—	—	—	—	95	未发生泄漏
	φ88.9mm×7.34mm P110 E	1	加载	CCW	—	10	31	95	未发生泄漏
	φ88.9mm×7.34mm P110 EB	4	B系循环	CCW、CW、CCW	57	57	20	90	未发生泄漏
ISO 13679Ⅲ和Ⅳ级试验		4	B系循环	CCW、CW、CCW	95	67	20	95	未发生泄漏

注：VME指von Mises等效应力；1W、2W和3W为试样编号。

经过对比分析，国外特殊螺纹接头在压缩载荷下的密封性能优于国内特殊螺纹接头，压缩效率高于国内特殊螺纹（表5-3-2）。但其气密封循环试验时的最大压缩载荷下均在ISO 13679:2011《石油天然气工业 套管及油管螺纹连接试验程序》标准范围内，即最大仅进行67%压缩载荷下的气密封试验（ISO 13679:2017标准要进行75%），均没有进行80%压缩载荷下的气密封试验[5]。

表5-3-2 不同螺纹扣型油管生产厂给定的拉伸和压缩效率

螺纹扣型	LC	BGT1	TP-G2	BGT2	3SB	FOX BEAR	VAM TOP	TSH Blue	Hydril563	VAM 21
拉伸效率（%）	80	100	100	100	100	100	100	100	100	100
压缩效率（%）	30	40	80	80	80	80	80	100	100	100

注：表中给出的压缩效率为纯压缩效率，非气密封下的压缩效率。

因生产厂家所给的油管接头压缩效率均是纯压缩效率，非气密封下的压缩效率，而气密封下的压缩效率则是对油管接头密封性能影响最关键的因素。若要真正对所有气密封螺纹接头分个级别，必须在同一工况下进行评价，则是一个比较浩大的工程。

室内全尺寸实物试验反映管柱在拉伸载荷下密封性较好，但在经过压缩载荷后再拉伸时易发生泄漏。各生产厂家特殊螺纹接头的耐压缩性能（压缩效率）参差不齐，压缩效率30%~100%都有（表5-3-2），一旦选用不合适极易造成管柱泄漏。虽然储气库油套管柱下井前均进行了氦气密封检测，但仅是在接头处静拉伸载荷下（接头下部轴向拉伸载荷，上部轴向载荷为零）进行的，并没有考虑到井下压缩载荷和载荷交变，因此入井前井口处氦气检测不泄漏，并不能证明后期运行过程中不发生泄漏。

储气库井服役周期要比常规气井长，一般在30年以上。储气库井地层压力系数不衰减且长期保持在 0.9 左右,注采管柱作为注气和采气双向流动通道,管柱内运行压力、温度等载荷随注采周期的交替变化,为了确保管柱的密封性,要求储气库注采管柱和生产套管柱必须选用气密封螺纹接头[6-7]。而众多气密封螺纹接头的密封性能存在差异[8-9],尤其是气密封螺纹接头的抗压缩能力[5]。油田在进行管柱设计时使用的仍是强度设计方法[4],并选用气密封螺纹接头,但未考虑拉压交变载荷和接头压缩性能,也是造成储气库井管柱泄漏或带压严重的原因之一[3]。因此,亟须从管柱设计和试验评价两方面入手,且管柱设计应考虑压缩载荷的影响。

通过分析 JB、BN、SQ、HU 4 个储气库生产套管和油管的气密封螺纹性能数据(表 5 -3 -3),可知各储气库虽选用了气密封螺纹接头,尽管接头拉伸效率均为 100%,但其压缩效率差异较大,30%~80% 均有。因此,提出管柱载荷与接头效率结合,结合管柱力学理论[10-12],从分析管柱拉伸、压缩载荷筛选出适用于储气库工况的接头拉伸、压缩效率,进一步确定气密封螺纹接头类型。

表 5 -3 -3　储气库气密封螺纹油套管性能数据

储气库	规格	钢级	扣型	屈服强度(MPa)	拉伸效率(%)	压缩效率(%)	最大扭矩(N·m)	抗内压强度(MPa)	抗挤强度(MPa)	抗拉强度(kN)
JB	φ244. 5mm×11. 99mm	95S	S	655	100	60	24405	56. 2	35. 1	5736
	φ139. 7mm×9. 17mm	P110 Cr13S	S	758	100	80	12690	87. 1	76. 5	2851
BN	φ177. 80mm×9. 19mm	P110	T	758	100	60	16760	68. 7	43. 2	3692
	φ88. 90mm×6. 45mm	L80	TE	552	100	60	3390	70. 1	72. 6	921
SQ	φ177. 8mm×10. 36mm	P110	B	758	100	30	16960	77. 38	58. 83	4130
	φ177. 8mm×10. 36mm	95S	B	655	100	30	15900	63. 31	54. 07	3570
	φ114. 3mm×6. 88mm	L80 13Cr	B1	552	100	40	5870	58. 14	51. 72	1280
HU	φ177. 8mm×12. 65mm	Q125HC	V	862	100	60	27000	107. 2	110. 8	5658
	φ114. 3mm×7. 37mm	HP -1 -13Cr110	BE	758	100	80	10589	85. 6	73. 7	1877

二、气密封螺纹接头选用

(一)接头螺纹

储气库油管接头应选用气密封螺纹接头。同时,应依据用户使用环境,提供气密封螺纹油管的实际使用性能检测数据。螺纹及密封面表面完整、几何连续、光洁,无毛刺、刀痕、划伤、刀具震颤痕迹等,涂镀层等表面处理层应完整,无脱落。

接头内、外螺纹接触区域内径应平滑过渡,保证接头内平,宜消除内径变化过快导致的紊流等。

(二)接头连接效率

依据井深和运行压力的不同,储气库油管的接头拉伸效率和压缩效率宜符合表 5 -3 -4 规定。

(三)接头气密封性能

用于储气库的油管接头应通过 GB/T 21267—2017《石油天然气工业 套管及油管螺纹连接试验程序》规定的 CAL Ⅳ 级评价试验。同时,结合储气库井运行工况要求,按表 5 - 3 - 4 规定的载荷包络线要求进行全尺寸气密封循环 30 次后,接头不发生泄漏,其中每次循环过程中应包含对应的最小接头压缩效率以上内压密封载荷点。

表 5 - 3 - 4　接头性能要求

总井深(m)	井口压力(MPa)	接头拉伸效率(%)	接头压缩效率(%)	载荷包络线 VME(%)
<2000	<25	≥100	≥40	95
	≥25	≥100	≥50	95
>2000	<20	≥100	≥50	95
	≥20 ~ 30	≥100	≥60	95
	≥30	≥100	≥70	95

第四节　储气库管柱腐蚀选材控制技术

一、腐蚀试验

中国石油 6 座储气库的主要腐蚀工况为 CO_2 分压不超过 0.8MPa,温度为 90℃,Cl^- 浓度在 10000mg/L 以内,同时因材质成分不同,各构件间存在电化学腐蚀的可能。最终确定储气库管柱耐腐蚀工况模拟试验主要进行以下试验。

(一)电化学腐蚀试验

主要分析各储气库生产套管柱和注采管柱结构,找出管柱之间易形成的电偶对材料及中间导电介质,进行工况下的电化学腐蚀试验。依据前期调研结果,可以获得中间介质主要为环空保护液(油套环空)和储层流体(油管内、封隔器以下套管)。试验过程中,首先依据工况流体测定油套管的自腐蚀电位,确定阳极和阴极,测定不同阳极、阴极面积比(1∶2、1∶1、2∶1、3∶1)时的电偶电流。

试验条件分为两种:一是环空保护液(非/与通入饱和 CO_2);二是地层水,水型 $NaHCO_3$,Cl^- 浓度 10000mg/L(非/与通入饱和 CO_2)。

(二)高温高压釜腐蚀试验

综合分析前期储气库分析成果,为研究现用储气库材质的抗 CO_2 腐蚀性能,制定了适用于储气库工况的耐腐蚀模拟试验方案,方案分为两种情况进行:

(1)模拟环空保护液条件下材质耐 CO_2 腐蚀情况,进行静态下液相 CO_2 高温高压腐蚀试验,试验条件为:CO_2 分压 0.8MPa,试验介质为环空保护液,试验温度 80℃,试验周期 168h。

(2)模拟气藏工况下材质耐 CO_2 腐蚀情况,进行动态下气相/液相 CO_2 高温高压腐蚀试验,试验条件为:CO_2 分压 0.8MPa,Cl^- 浓度 10000mg/L,水型 $NaHCO_3$,试验温度 90℃,流速 2m/s,试验周期 168h。

通过储气库工况下腐蚀模拟试验,可以获得各储气库选材耐蚀性结论,进一步总结获得通用的管柱耐蚀选用技术指标。

二、储气库管柱耐蚀选用

(一)耐 CO_2 腐蚀选材

在储气库 CO_2 腐蚀环境中,套管和油管的材质选择应结合实际工况试验评价后确定。在储气库 CO_2 腐蚀环境中,套管和油管材质的选择应细分为液相环境和气相环境:在液相环境中,宜依据现有标准(NACE RP 0775—2005《油田生产中腐蚀挂片的准备和安装以及试验数据的分析》等)进行试验评价;在气相环境(低含水)中,宜参考 ASTM G111—1997(2006)《高温或高压环境中或高温高压环境中的腐蚀试验》等标准,至少进行饱和蒸汽环境下的高温高压釜腐蚀试验,以确定选材依据。

套管材质宜按液相环境选择,油管材质宜按气相环境(低含水)选择。

(二)电偶腐蚀

井下管串匹配使用,宜据图 5-4-1 在同一电位区域内选择使用,若要跨区域,应保证合适的面积比。

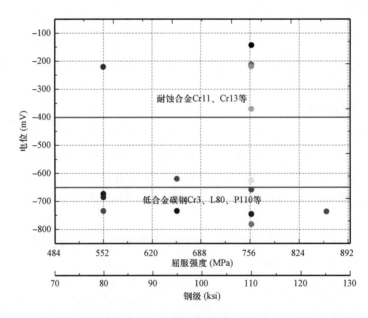

图 5-4-1　管材腐蚀电位分布图

当两种材质电位差超过 200mV 需要注意电化学腐蚀。在材质匹配上要求在同一空间内,低电位与高电位材质的面积比至少要大于 1∶1,地层水环境(Cl^- 浓度 10000mg/L)中面积比要求宜在 3∶1 以上,以保证腐蚀速率小于 0.076mm/a(SY/T 5329—2022《碎屑岩油藏注水水质指标技术要求及分析方法》规定)。

(三)环空保护液

应对使用的水基环空保护液进行评价,除按相关标准进行耐蚀性、应力腐蚀评价外,还应进行长效性评价,保障选用的环空保护液不能危害材质。

第五节　环空异常压力诊断处理技术

井筒环空,特别是油套环空(A环空)的压力变化是完井管柱完好情况的直接反映。国内储气库注采井,套管带压较为普遍,安全生产压力较大。各个储气库对于环空异常压力,除采取泄放方法外,大港等储气库还通过在环空加注氮气垫减缓地层热量对环空压力的影响。

一、典型储气库环空异常带压处理措施

(一)泄压及诊断

大港储气库对井口压力变化情况长期进行跟踪,对井口带压情况进行深入分析和有效管控,根据长期运行经验,当A环空压力高于17MPa时,应尽快泄放压力至10MPa以下,当B环空压力高于10MPa时,应尽快泄放压力至1010MPa。大港储气库群针对环空压力泄放时环空流体直接排放于大气,既易造成污染又浪费能源,对套压泄放流程进行了改造,改造后油套环空井流物直接进入采气流程,安全环保、节约能源,降低了泄放作业成本。

相国寺储气库部分井出现环空带压情况,引进研发了环空带压诊断设备,开展环空压力泄放及恢复测试,并结合流体组分分析,判定压力来源和泄漏程度。环空泄压采用环空带压诊断仪,监测数据包括环空压力温度、放压气体气质和流量、H_2S/CO_2 浓度及析出水相的 pH 值等;用针阀缓慢泄压,避免压降过快导致压力激动,加剧井下泄漏;不将 A 环空压力降至 0,避免扩大渗漏或泄漏通道;根据压力—时间曲线变化趋势及泄放流体组分等判别压力来源。

呼图壁储气库大部分井在注采期出现环空带压问题,但平衡期套压基本落零,且与井温呈明显正相关,放出介质均为环空保护液。套管带压井找漏测井显示生产管柱无明显漏失,综合判断套压异常是由于保护液膨胀所致,生产管柱密封性总体良好。

(二)环空加注氮气垫

大港储气库多年运行发现,大部分采气井采气初期油套环空压力(A环空压力)急速升高,停采后压力降低或者套压泄放后套压降低。分析认为该环空压力主要是由采出气所带热量引起,可以通过环空加注氮气垫缓解该热致环间压力,降低井筒及井口受压风险。

库 3 - 10 井在 2004 年底首次采气时套压急速升高至 30MPa 以上,放压后套压降低,后在 2006 年、2007 年采气期套压都有较快上升情况,套压高达 25MPa。之后套压与油压变化规律一致,2010 年底采气期油压、套压一致。2012 年修井环空加注氮气垫,之后采气期套压升高 2MPa 左右。库 3 - 10 井油压、套压及生产情况如图 5 - 5 - 1 所示。

库 12 井在早期生产中采气期套压变化大,幅度可达 10MPa 以上。2010 年进行修井换管柱作业,加注氮气垫,之后套压变化较小,3MPa 左右。库 12 井油压、套压及生产情况如图 5 - 5 - 2所示。

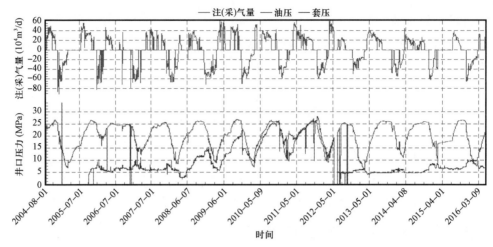

图 5 - 5 - 1　库 3 - 10 井生产情况

正值为注气量,负值为采气量

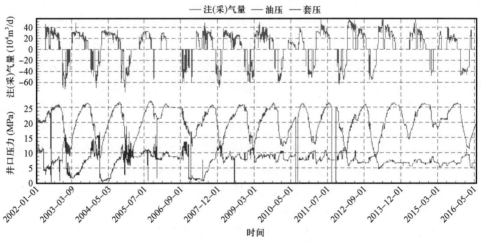

图 5 - 5 - 2　库 12 井生产情况

正值为注气量,负值为采气量

自 2010 年以来,大港储气库修井换管柱作业都在油套环空加注氮气垫,热致压力引起的环空异常带压逐渐缓解。

(三)氮气垫高度优化

不同氮气垫高度对于环空压力减缓影响不同,模拟计算表明,氮气垫越高,缓解压力幅度越大,但当氮气垫高度超过200m后,环空压力降低不明显(表5 - 5 - 1)。因此,通常选择油套环空加注 100~200m 的氮气垫,缓解因交替注采引起的环空压力大幅度变化。

二、环空压力处理流程

环空压力处理流程如图5 - 5 - 3所示,主要包括确定环空压力安全界限值、压力源判断、油管泄漏点分析、套管泄漏点分析、环空流体组分分析和采取措施。

表 5-5-1　氮气垫高度对环空压力的影响

氮气垫高度(m)	环空压力升高值(MPa)	
	大港 2800m 深注采井	华北 4700m 深注采井
0	25	44.1
30	13	34.4
50	3.49	27.3
80	1.07	17.2
100	0.87	11.2
150	0.72	3.8
200	0.69	2.5
250	0.69	2.1

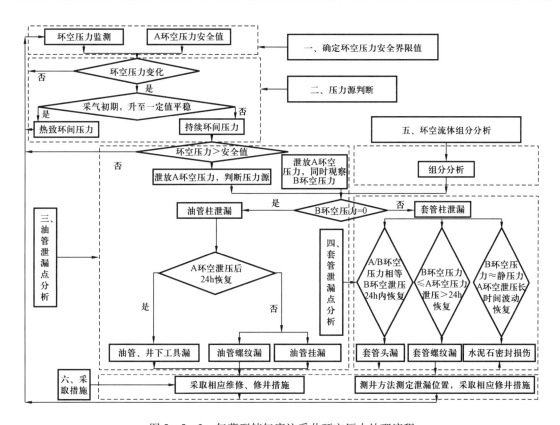

图 5-5-3　气藏型储气库注采井环空压力处理流程

(一)环空压力界限值计算

环空压力异常时要考虑环空压力界限值——最大允许环空压力。通常,如果环空压力高于最大允许压力将采取科学泄放等措施;如果环空压力低于最大允许压力,将采取加强监测等措施。最高允许环空压力的确定以 API RP 90《海上油气井环间压力管理》为基础,结合井身结构、管柱结构、套管头压力等级和封隔器工作压力,确定最高允许环空压力,见表 5-5-2。

表 5 – 5 – 2   储气库井最高允许环空压力计算表

推荐以下 5 个压力中的最小值，作为 A 环空的最高允许井口操作压力上限				
油管抗外挤值的 75%	生产套管最小内压力屈服值的 50%	外层套管最小内压力屈服值的 80%	套管头工作压力的 60%	封隔器工作压力的 75%
推荐以下 3 个压力中的最小值，作为 B 环空的最高允许井口操作压力上限				
技术套管最小内压力屈服值的 50%		生产套管抗外挤值的 75%		套管头工作压力的 60%

（二）压力源识别

环空压力异常时应先识别压力源：热致环空压力或持续环空压力。

观察环空压力变化规律，判断是否为温度变化引起的环空压力异常升高：如果环空压力在采气初期快速升高至一定值后保持稳定，停止采气环空压力下降，并按此规律反复出现，或者环空压力泄放后 24h 内不起压，则为热致环间压力。环空压力泄放后恢复，为持续环空压力，持续环空压力通常因井筒组件泄漏引起。如果持续环空压力高于最高允许环空压力，需要泄放。

（三）泄漏原因判断

根据压力下降及压力恢复的特点，可以较为准确地判断环空压力产生的原因。

（1）如果泄漏点在油管柱上，环空压力泄放时具有如下特征：

① 油管螺纹渗漏：A 环空泄压（泄放至 0 或者某一值）后 48h 内缓慢恢复至某一低值（低于泄放前压力值）。

② 油管本体、工具泄漏：A 环空压力无法泄放，或者泄放至 0 或者某一值后 48h 内恢复原值。

③ 油管挂密封不严：油压与套压同步变化明显，A 环空压力无法泄放，或者泄放至 0 或者某一值后 48h 内恢复原值。

（2）如果泄漏点在生产套管柱上，A 环空泄压时 B 环空出现压力响应，环空压力泄放时具有如下特征：

① 套管本体泄漏或套管头不密封：B 环空压力与 A 环空压力接近，A 环空泄压后几小时恢复至原值。

② 套管螺纹不密封：B 环空压力低于或接近 A 环空压力，A 环空泄压后几天恢复至原值。

③ 水泥环密封性受损：B 环空压力接近静压，B 环空泄压后长时间波动恢复至原值。

（3）A 环空、B 环空泄压时间间隔要超过 3 天，A 环空先泄放，B 环空后泄放，以观察环空间的连通性和判断泄漏途径。

（四）泄压流体取样

套压泄放时，对套管排放流体取样，进行物理化学检测，判断流体来自储气库储层或其他产层，帮助分析压力源。

（五）环空泄压后生产管理

泄漏点位置和套压泄放特征确定后，应依据表 5 – 5 – 3 给出泄压后生产管理措施，具体如下：

(1)油管螺纹、套管螺纹渗漏的井,可继续生产,需加强环空压力监测,可多次泄压,泄压时尽量减小泄放速度。

(2)油管本体泄漏、井下工具泄漏、套管本体泄漏或者套管头不密封的井,A环空压力泄放至0,恢复时间超过48h,可继续生产,需加强环空压力监测,同时监测泄漏速率。如果环空压力泄放不掉,且泄放后短时间内压力恢复至或高于最高允许环空压力的井,应及时修井。

(3)如果水泥环密封受损,则很难实施补救措施,需要评估其严重程度,并判断是否会导致套管密封完整性遭到破坏。

表5－5－3　泄漏点位置判断、套压泄放特征及环空泄压后管理措施汇总表

泄漏点位置		套压泄放特征	环空泄压后生产管理措施
油管柱泄漏	油管螺纹	环空泄压(泄放至0或者某一值)后48h内缓慢恢复至某一低值(低于泄放前压力值)	可继续生产,需加强环空压力监测,可多次泄压,泄压时尽量减小泄放速度
	油管本体、工具	A环空压力无法泄放,或者泄放至0或者某一值后48h内恢复原值	(1)A环空压力泄放至0,恢复时间超过48h,可继续生产,需加强环空压力监测,同时监测泄漏速率;(2)如果环空压力泄放不掉,且泄放后短时间内压力恢复至或高于最高允许环空压力的井,应及时修井
	油管挂密封不严	油压与套压同步变化明显,A环空压力无法泄放,或者泄放至0或者某一值后48h内恢复原值	通过关闭井下安全阀后放压测试进一步确定漏失点,及时修井
套管柱泄漏	套管本体或套管头	B环空压力与A环空压力接近,A环空泄压后几小时恢复至原值	(1)A环空压力泄放至0,恢复时间超过48h,可继续生产,需加强环空压力监测,同时监测泄漏速率;(2)如果环空压力泄放不掉,且泄放后短时间内压力恢复至或高于最高允许环空压力的井,应及时修井
	套管螺纹	B环空压力低于或接近A环空压力,A环空泄压后几天恢复至原值	可继续生产,需加强环空压力监测,可多次泄压,泄压时尽量减小泄放速度
	水泥环密封性受损	B环空压力接近静压,B环空泄压后较长时间波动恢复至原值	需要评估其严重程度,并判断是否会导致套管密封完整性破坏
A、B环空连通		A、B环空泄压时间间隔要超过3天,A环空先泄压,B环空后泄压,以观察环空间的连通性和判断泄漏途径	根据泄漏路径,制定管控措施,可考虑修井处置

(六)典型库典型井环空压力分析和处理

应用环空压力处理流程对大港储气库带压异常井库14、库3－12、库2和库4－9进行带压分析。

1.库14井

1)井基本情况

油层套管外径177.8mm、深度2766m,3½in气密封油管。2007年5月27日至6月24日换管柱作业,原管柱无滑套采用连续油管作业,作业后油管3½in气密封油管,井下工具包括

井下安全阀、伸缩管、滑套和封隔器,环空未加氮气垫。

2)2007 年修井后生产情况及套压分析

2007 年修井后生产情况如图 5 - 5 - 4 所示。

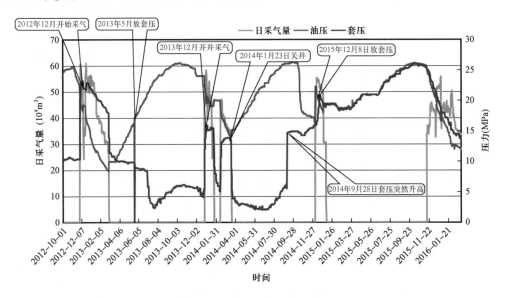

图 5 - 5 - 4 库 14 井生产动态

2012 年换地面管线施工后套压 10MPa,2012 年 11 月 30 日开井采气,日采气量 $40 \times 10^4 \mathrm{m}^3$,套压迅速升高至 20MPa,之后套压超过油压。随着采气的进行,油压不断降低,套压与油压变化趋势一致,但套压一直高于油压。2013 年 3 月 2 日关井停采,套压立即降至 11.4MPa,后逐渐降至 10MPa。按环空压力处理流程判断,此期间环空压力升高主要是热致环间压力,由于库 14 井环空没有氮气垫,环空压力受采气温度影响较大,因此采气开始后压力快速升高。2013 年 12 月开始的采气期环空变化具有同样特征,主要是温度变化引起。2013 年 5 月放套压至 0 后很快恢复,认为受注气期油管鼓胀影响套压升高。

(2)2014 年 1 月 23 日该井关井,2014 年 9 月 8 日 A 环空压力突然升高,根据流程图分析,为持续环间压力,B 环空压力为 0,油管发生泄漏。2014 年 12 月 7 日套压泄放后 6 天内恢复与油压持平,2015 年 3 月 9 日泄放后立即恢复,分析认为油管本体或井下工具发生泄漏,并且泄放加剧了泄漏。

2. 库 3 - 12 井

1)井基本情况

油层套管外径 177.8mm、钢级 NKKC140、深度 2875.55m,4½in 气密封油管,滑套位置 2651.82m,PHP - 2 - SR 封隔器深度 2664.512m。

2012 年 4 月 15 日至 5 月 6 日进行换管柱作业,起出 4½in 气密封油管,带出原井工具,原井油管轻微腐蚀,整体良好。下入外径 4½in 气密封油管、底带钢丝引鞋、坐落短节、150mm BGT 封隔器 + 安全接头、滑套、井下安全阀。正循环挤注氮气排液,反循环挤注氮气 10m³。关闭滑套,氮气反打压 10MPa,密封合格,套管放压至 5MPa。

2）2012 年修井后生产情况及套压分析

6 月开井注气之后注采气量、油压、套压等生产情况如图 5 - 5 - 5 所示。

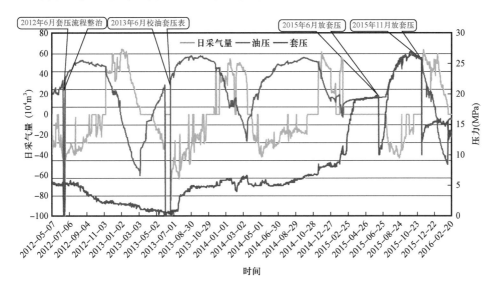

图 5 - 5 - 5 库 3 - 12 井生产动态

2012 年 4 月修井后，5 月 7 日开井注气正常生产，到 2013 年 6 月套压从 5.1MPa 逐渐降至 0.7MPa。怀疑套压表不准。

2013 年 6 月 2—20 日校油套压表，后套压恢复至 5MPa。2014 年 11 月开始采气后套压逐渐上升，2015 年 2 月 13 日采气关井时套压为 10MPa，同时技术套管压力为 0，判断有轻微渗漏发生。关井后油压回升，加剧渗漏，因此 2 月 24 日套压快速上升，一个月后与油压一致，为 19MPa。

2015 年 6 月 13 日放套压 19.8MPa 至 10MPa，7 月 16 日恢复到原值，后套压与油压变化一致，分析认为此次泄放后套压恢复除了因轻微渗漏（如油管螺纹泄漏）外，还可能存在泄放流程闸阀封闭不严的问题。

2015 年 11 月 11 日放套压至 10MPa 后开井采气，环空压力立即上升至 13MPa，后缓慢升高，至 12 月 2 日环空压力为 15MPa，之后基本不变；其间油压不断降低，但套压变化不大，关井停采，油压回升，套压立即降低，这种变化趋势具有明显的热致环间压力特征。

综合以上情况，认为库 3 - 12 井存在油管螺纹泄漏问题。

3. 措施建议

应用环空压力处理流程，对库 2 井和库 4 - 9 井进行了分析，并给出了措施建议，见表 5 - 5 - 4。

4. 修井验证

2016 年 11 月库 14 井进行修井作业，起出管柱发现第 158 根和第 189 根油管腐蚀穿孔，油套连通如图 5 - 5 - 6 所示，验证了之前的分析和判断。

表5-5-4 大港储气库部分井环空带压分析及处理建议

井号	环空带压原因	作业检测建议	套压管理建议
库14	井下工具或油管柱泄漏	(1)建议修井; (2)修井时检查记录滑套密封情况,检查封隔器胶筒损坏情况,检查油管管体腐蚀、损坏情况	(1)泄放套压时记录闸阀开启程度和泄放时间,建议计量泄放流体量,继续规范套压泄放操作流程; (2)对环空保护液液面位置进行监测; (3)建议增加氮气垫
库3-12	油管螺纹泄漏 + 热致压力	建议继续观察	(1)泄放套压时记录闸阀开启程度和泄放时间,建议计量泄放流体量,继续规范套压泄放操作流程; (2)对环空保护液液面位置进行监测
库2	油管螺纹泄漏 + 热致压力	建议继续观察	(1)泄放套压时记录闸阀开启程度和泄放时间,建议计量泄放流体量,继续规范套压泄放操作流程; (2)对环空保护液液面位置进行监测
库4-9	油管螺纹泄漏 + 热致压力	建议继续观察	(1)泄放套压时记录闸阀开启程度和泄放时间,建议计量泄放流体量,继续规范套压泄放操作流程; (2)对环空保护液液面位置进行监测

图5-5-6 库14井油管

第六节 往复式压缩机故障诊断技术

一、压缩机早期故障预示特征、故障参数域及分布特点分析

对往复式压缩机进行故障诊断,必须研究其早期故障的预示特征、故障参数分域及分布特点,使用时域分析、频域分析、小波包分析等特征提取方法对往复式压缩机不同部件的振动信号进行特征提取,并对各特征值进行比较分析,从而找出对往复式压缩机不同部件故障敏感的特征参数(表5-6-1),并以此组成故障识别的特征向量,建立早期故障诊断标准(以活塞和气阀为例,见表5-6-2和表5-6-3),以提高故障诊断的准确性和早期预报的可靠性。

表 5 – 6 – 1　故障识别敏感特征向量和诊断标准

部件	诊断敏感特征参数域	特征参数求取方法
主轴承	峰峰值、均方根值、脉冲指标、峭度指标、裕度指标、无量纲均方差、无量纲高频能量	时域分析方法、频域分析方法、归一化处理
曲轴	峰峰值,绝对均值,均方根值,脉冲指标,峭度指标,转频的半倍频、一倍频、二倍频的幅值	时域指标分析、频域指标分析
连杆	峰峰值、脉冲指标、峭度指标、小波包分解后的各频带能量值	时域指标分析、小波包分解能量分析
十字头	峰峰值、绝对均值、有效值、脉冲指标、峭度指标、裕度指标、小波包分解后的各频带的能量值	时域指标分析、小波包能量分析(分解层数根据采样频率确定)
活塞杆及活塞	小波包分解后的各频带的能量值;{E_{30},E_{31},E_{32},E_{33},E_{34},E_{35},E_{36},E_{37}};时域各参数辅助指导	时域指标分析、小波包能量分析(分解层数根据采样频率确定)
气缸	峰峰值、均方根值、峭度指标、功率谱峰值、频谱重心频率	时域指标分析、频域指标分析
曲轴箱	小波包分解后各频带信号的峭度值、方差值、能量值	小波包分解时域指标分析(分解层数根据采样频率确定)
气阀	峰峰值、绝对均值、有效值、脉冲指标、峭度指标、裕度指标、低频幅值均值(0~400Hz)、高频幅值均值(2500~5000Hz)	时域指标分析、频域指标分析

注:E_{30}为频带 0~1000Hz 的能量;E_{31}为频带 1000~2000Hz 的能量;E_{32}为频带 2000~3000Hz 的能量;E_{33}为频带 3000~4000Hz 的能量;E_{34}为频带 4000~5000Hz 的能量;E_{35}为频带 5000~6000Hz 的能量;E_{36}为频带 6000~7000Hz 的能量;E_{37}为频带 7000~8000Hz 的能量。

表 5 – 6 – 2　压缩机弹簧失效诊断标准

特征参数	正常 (mm/s²)	弹簧失效 (mm/s²)	相对差值 (%)
最大值	10.723	28.649	167.17
最小值	−11.756	−21.310	81.27
峰峰值	22.749	49.96	119.61
平均值	12.669	25.97	104.99
绝对值	2.842	8.686	205.63
有效值	3.521	11.223	218.74
方差值	12.449	26.267	110.7
波形系数	1.239	1.159	6.46
峰值系数	6.383	4.451	30.27
脉冲系数	7.910	5.185	34.45
裕度指标	0.004	0.0059	47.5

表 5 - 6 - 3　压缩机阀片磨损诊断标准

特征参数	正常 （mm/s²）	阀片严重磨损 （mm/s²）	相对差值 （%）
最大值	26.262	53.387	103.29
最小值	-22.071	-38.807	75.83
峰峰值	48.334	92.194	90.74
平均值	138.521	52.789	61.89
绝对值	6.732	12.810	90.29
有效值	8.361	22.718	171.71
方差值	70.114	143.017	103.98
波形系数	1.242	1.192	4.03
峰值系数	5.781	4.112	28.87
脉冲系数	7.18	1.901	73.52
裕度指标	0.0057	0.0038	33.33

二、注采交变工况下压缩机故障诊断方法

储气库注采交变工况过程中,压力、温度等都是变化的,因此对储气库压缩机的故障诊断不能只考虑固定工况或单一工况,采用的方法必须能够适应不同工况的改变,都能准确地识别出故障。建立了一种组合式神经网络自适应诊断模型,并应用现场数据和实验数据进行对比分析,验证了该方法能够精确地识别出储气库注采交变工况下的压缩机关键部件故障类型,为储气库设备的安全运行提供有力保障[13]。

(一)组合式神经网络自适应诊断模型

具体步骤如下:

步骤一:利用小波包分解能量特征提取方法提取采集到的压缩机振动信号的特征值,结合信号的常用时域特征指标组成待诊断特征向量。

步骤二:利用自组织竞争网络分类模型对信号的特征向量进行初步聚类,等待进一步精确分类。

步骤三:根据自组织竞争网络的分类结果,选择对应的概率神经网络分类模型对信号的特征向量进行精确识别,得到所诊断信号对应的故障类型。

组合式神经网络自适应诊断模型可实现对储气库注采压缩机组故障进行自适应识别分类,可有效提高对储气库注采变工况条件下的压缩机组故障的识别精度,避免了单一方法的局限性,实现了故障精确快速识别的根本目标。

(二)压缩机活塞环故障诊断

实例中应用自组织竞争网络对储气库往复式压缩机活塞环故障进行模式识别,需要对建立的自组织经网络模型进行训练和测试。测点布置如图 5 - 6 - 1 所示,在后续的拆装中已验证故障为 2 级气缸活塞环断裂,并导致活塞环磨损,故障图片如图 5 - 6 - 2 所示。

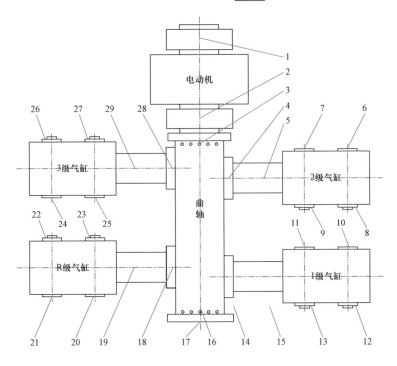

图 5 - 6 - 1　实验中的测点布置

图 5 - 6 - 2　活塞环断裂及活塞磨损图片

1. 小波降噪

为了选择合理的阈值方法,现用分层效果较好的 DB1 小波对采集到的压缩机活塞环断裂振动信号分别采用强制降噪法、默认阈值降噪法和软阈值降噪法进行降噪,降噪结果如图 5 - 6 - 3所示。通过观察降噪后的图形以及信噪比(表 5 - 6 - 4)可以看出,采用小波默认阈值降噪方法对压缩机活塞环振动信号的降噪效果较好。

表 5 - 6 - 4　活塞环信号小波默认阈值降噪后的信噪比及均方根误差

状态	正常	断裂
信噪比	8.9980	4.1917
均方根误差	0.3049	0.3372

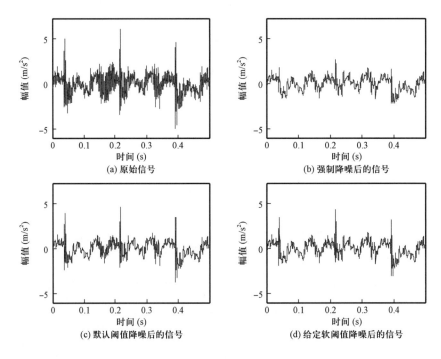

图 5－6－3　降噪效果对比图

2. 特征提取

这里采用 3 层小波包分解,小波基选为 DB1 小波,分解完成后分为 8 个频带,由于采样频率为 16000Hz,所以 8 个频带范围分别为 0～1000Hz、1000～2000Hz、2000～3000Hz、3000～4000Hz、4000～5000Hz、5000～6000Hz、6000～7000Hz 和 7000～8000Hz。之后求其各频带的能量 E_{30}、E_{31}、E_{32}、E_{33}、E_{34}、E_{35}、E_{36}、E_{37},并与之前的峰峰值 X_{pp}、绝对均值 X_{abs}、有效值 X_{rms}、脉冲指标 I、峭度指标 K,共同组成信号的 13 个特征向量。分别取活塞环正常和断裂信号的 8 组数据,求其特征向量,结果见表 5－6－5 和表 5－6－6。

表 5－6－5　活塞环正常信号特征向量

分组	E_{30} (m²/s⁴)	E_{31} (m²/s⁴)	E_{32} (m²/s⁴)	E_{33} (m²/s⁴)	E_{34} (m²/s⁴)	E_{35} (m²/s⁴)	E_{36} (m²/s⁴)	E_{37} (m²/s⁴)	X_{pp} (m/s²)	X_{abs} (m/s²)	X_{rms} (m/s²)	I	K_v
1	56.445	2.215	0.503	0.503	0.985	1.277	1.224	1.178	4.512	1.548	1.766	2.920	1.685
2	84.831	4.273	1.283	1.458	4.636	3.934	2.484	2.858	7.589	2.518	2.664	4.183	1.292
3	33.844	0.160	0	0	0.109	0.109	0.109	0.109	3.685	0.978	1.057	14.212	1.545
4	85.301	0.716	0.296	0.296	1.243	1.414	1.173	1.356	3.078	2.615	2.667	1.177	1.140
5	94.611	0.615	1.114	1.720	4.693	6.560	3.073	3.282	9.291	2.826	2.971	8.385	1.297
6	31.186	0.061	0.296	0.296	0.730	0.773	0.730	0.773	4.414	0.813	0.975	10.653	2.559
7	82.656	2.280	0.805	0.979	2.018	1.758	0.999	1.681	4.022	2.535	2.586	1.586	1.143
8	104.969	5.393	2.111	2.289	4.212	4.287	3.205	2.823	10.372	3.184	3.294	14.164	1.193

表 5-6-6 活塞环断裂信号特征向量

分组	E_{30} (m^2/s^4)	E_{31} (m^2/s^4)	E_{32} (m^2/s^4)	E_{33} (m^2/s^4)	E_{34} (m^2/s^4)	E_{35} (m^2/s^4)	E_{36} (m^2/s^4)	E_{37} (m^2/s^4)	X_{pp} (m/s^2)	X_{abs} (m/s^2)	X_{rms} (m/s^2)	I	K_v
1	26.402	1.445	1.843	1.679	3.938	5.822	2.709	5.700	6.307	0.735	0.880	79.308	3.216
2	19.138	0.470	0	0	0.131	0.131	0.131	0.131	2.397	0.493	0.598	9.726	2.562
3	21.161	3.735	2.241	2.325	0.531	0.519	0.515	0.535	3.026	0.567	0.679	15.670	2.298
4	24.138	3.679	2.428	2.578	4.052	7.054	3.400	4.738	6.698	0.631	0.832	28.575	6.488
5	19.641	0.249	0.083	0.083	0.238	0.238	0.238	0.238	2.372	0.5108	0.614	9.869	2.129
6	23.885	2.241	1.055	1.035	0.250	0.250	0.353	0.353	3.633	0.631	0.751	10.695	2.342
7	32.668	1.655	2.295	2.163	3.369	6.287	3.688	4.648	7.168	0.845	1.067	14.402	3.015
8	23.093	0.988	1.297	1.293	0.324	0.324	0.324	0.324	2.903	0.621	0.724	12.513	2.045

分别取活塞环正常或断裂两种状态的 5 组数据组成 10×13 的训练样本 P(表 5-6-7)，再将剩余数据组成 6×13 的检测样本 T(表 5-6-8)，对网络进行训练和测试。

表 5-6-7 网络训练样本

类别	E_{30} (m^2/s^4)	E_{31} (m^2/s^4)	E_{32} (m^2/s^4)	E_{33} (m^2/s^4)	E_{34} (m^2/s^4)	E_{35} (m^2/s^4)	E_{36} (m^2/s^4)	E_{37} (m^2/s^4)	X_{pp} (m/s^2)	X_{abs} (m/s^2)	X_{rms} (m/s^2)	I	K_v
1	56.445	2.215	0.503	0.503	0.985	1.277	1.224	1.178	4.512	1.548	1.766	2.920	1.685
1	84.831	4.273	1.283	1.458	4.636	3.934	2.484	2.858	7.589	2.518	2.664	4.183	1.292
1	33.844	0.160	0	0	0.109	0.109	0.109	0.109	3.685	0.978	1.057	14.212	1.545
1	85.301	0.716	0.296	0.296	1.243	1.414	1.173	1.356	3.078	2.615	2.667	1.177	1.140
1	94.611	0.615	1.114	1.720	4.693	6.560	3.073	3.282	9.291	2.826	2.971	8.385	1.297
2	26.402	1.445	1.843	1.679	3.938	5.822	2.709	5.700	6.307	0.735	0.880	79.308	3.216
2	19.138	0.470	0	0	0.131	0.131	0.131	0.131	2.397	0.493	0.598	9.726	2.562
2	21.161	3.735	2.241	2.325	0.531	0.519	0.515	0.535	3.026	0.567	0.679	15.670	2.298
2	24.138	3.679	2.428	2.578	4.052	7.054	3.400	4.738	6.698	0.631	0.832	28.575	6.488
2	19.641	0.249	0.083	0.083	0.238	0.238	0.238	0.238	2.372	0.5108	0.614	9.869	2.129

注："1"代表活塞环正常状态，"2"代表活塞环断裂状态，网络不需要人为确定输出值。

表 5-6-8 检测样本

类别	E_{30} (m^2/s^4)	E_{31} (m^2/s^4)	E_{32} (m^2/s^4)	E_{33} (m^2/s^4)	E_{34} (m^2/s^4)	E_{35} (m^2/s^4)	E_{36} (m^2/s^4)	E_{37} (m^2/s^4)	X_{pp} (m/s^2)	X_{abs} (m/s^2)	X_{rms} (m/s^2)	I	K_v
1	31.186	0.061	0.296	0.296	0.730	0.773	0.730	0.773	4.414	0.813	0.975	10.653	2.559
1	82.656	2.280	0.805	0.979	2.018	1.758	0.999	1.681	4.022	2.535	2.586	1.586	1.143
1	104.969	5.393	2.111	2.289	4.212	4.287	3.205	2.823	10.372	3.184	3.294	14.164	1.193
2	23.885	2.241	1.055	1.035	0.250	0.250	0.353	0.353	3.633	0.631	0.751	10.695	2.342
2	32.668	1.655	2.295	2.163	3.369	6.287	3.688	4.648	7.168	0.845	1.067	14.402	3.015
2	23.093	0.988	1.297	1.293	0.324	0.324	0.324	0.324	2.903	0.621	0.724	12.513	2.045

用训练样本训练已建立的自组织竞争网络,训练样本的输出结果为[2 2 1 2 2 1 1 1 1 1],如图 5-6-4 所示。由于已知训练样本前 5 组数据为正常状态,后 5 组数据为活塞环断裂状态,根据输出结果,可以得出训练好的网络将正常状态输出编号为 2,将活塞环断裂状态编号为 1。接着用测试样本对训练好的网络进行测试,其输出为[1 2 2 1 1 1],如图 5-6-5 所示。由于已知测试样本前 3 组数据为正常状态数据,后 3 组数据为活塞环断裂状态数据,因此分析可得到训练好的网络对测试样本的分类精度为 88.5%。

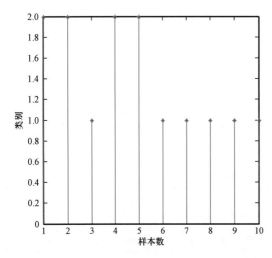

图 5-6-4　训练样本自组织竞争网络分类结果　　图 5-6-5　测试样本自组织竞争网络分类结果

由表 5-6-9 可以看出,对于此往复式压缩机活塞环的故障诊断,与传统单一方法(自组织竞争网络、PNN 和 PSO-PNN)诊断进行比对,其组合式神经网络诊断精度能提高 10.6%。

表 5-6-9　三种方法分类精度比较

方法	自组织竞争网络	PNN	PSO-PNN	组合式神经网络自适应诊断模型
诊断精度(%)	85	80	83	88.5

3. 变工况自适应故障诊断

实验所需数据为电动机支承轴承处的振动信号,采样频率为 12000Hz,所用轴承为使用电火花加工技术在轴承上加工单点故障的轴承,故障直径为 0.007in。所用数据一共 6 组,分别为载荷 1 马力[●],转速 1797r/min,内圈单点故障;载荷 1 马力,转速 1797r/min,滚动体单点故障;载荷 2 马力,转速 1750r/min,内圈单点故障;载荷 2 马力,转速 1750r/min,滚动体单点故障;载荷 3 马力,转速 1730r/min,内圈单点故障;载荷 3 马力,转速 1730r/min,滚动体单点故障。

分别取轴承 6 种信号的特征向量的各 40 组数据组成 240×13 的训练样本 P,其中前 120 组为单内圈故障数据,后 120 组为单滚动体故障数据。再将剩下的每种信号的 20 组特征向量组成 120×13 的检测样本 T,其中前 60 组为单内圈故障数据,后 60 组为单滚动体故障数据。

● 1 马力 = 735.5W。

神经网络对训练样本和测试样本分类结果如图5-6-6和图5-6-7所示。

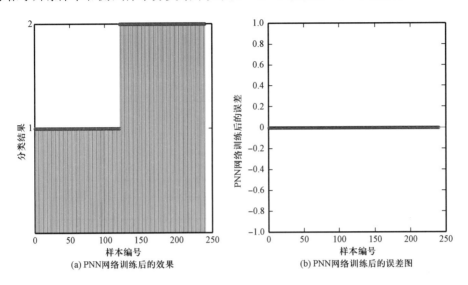

(a) PNN网络训练后的效果　　　　　(b) PNN网络训练后的误差图

图5-6-6　训练样本分类结果

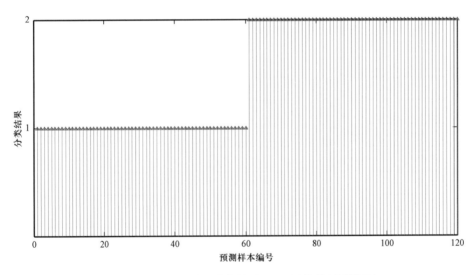

图5-6-7　测试样本分类结果(PNN网络的预测效果)
1—单内圈故障;2—单滚动体故障

通过图5-6-7可以得到经过训练好的网络,测试样本中的故障被全部正确识别出来,识别精度达到100%。

三、储气库注采压缩机组自适应诊断系统开发

储气库注采压缩机组自适应诊断系统主要由三个功能模块、一个人机交互平台和一个多元信息数据库平台构成。其具体设计框架如图5-6-8所示。

针对储气库注采压缩机组多故障的诊断,同时开发了多故障诊断预警 Agent 子系统。其将

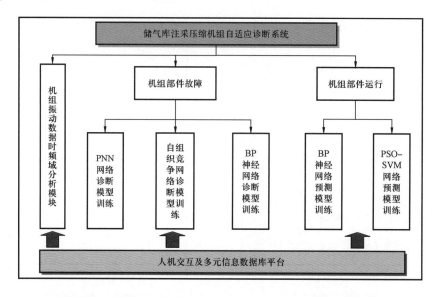

图 5-6-8 储气库注采压缩机组自适应诊断系统的结构功能图

任务分解成若干个互不耦合的子任务，分别应用不同的故障诊断 Agent 对其诊断得到初步的诊断结果，然后利用多故障融合 Agent 进行融合求得最终诊断结果。此方法有效地利用各种资源，弥补现有 Agent 系统的不足，能够较好地完成故障诊断和预警。具体的体系结构如图 5-6-9 所示。

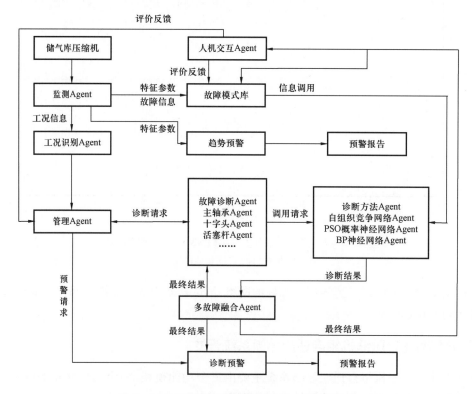

图 5-6-9 多故障诊断预警 Agent 的体系结构

多故障诊断预警 Agent 主要由四个层次构成,分别是监测层(储气库压缩机、传感器、监测 Agent)、诊断层(工况识别 Agent、管理 Agent、故障诊断 Agent、诊断方法 Agent、多故障融合 Agent)、用户层(人机交互 Agent)和预警层(趋势预警 Agent、诊断预警 Agent)。故障诊断和趋势预警模块设计分别如图 5-6-10 和图 5-6-11 所示。

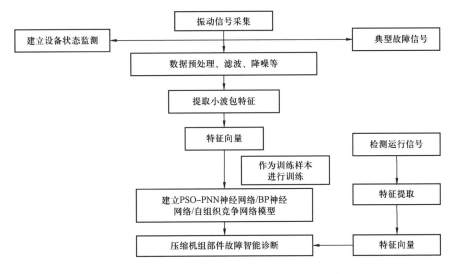

图 5-6-10 压缩机组故障智能诊断模块设计图

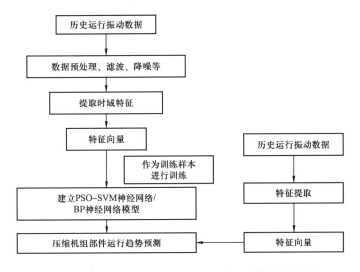

图 5-6-11 压缩机组部件运行趋势预测模块设计图

该 Agent 系统执行过程如下:当监测 Agent 监测到传感器采集的信号发生异常时,分别将工况信息发送到工况识别 Agent、特征参数和故障信息发送到故障模式库,另外特征参数输入趋势预警 Agent 生成预警报告。工况识别 Agent 连接管理 Agent,后者根据处理信息向特定故障诊断 Agent 发送诊断请求并签订诊断合同书。而相应的故障诊断 Agent 调用相关的诊断方法 Agent,诊断方法 Agent 则从故障模式库调用信息进行诊断,并将初步诊断结果输送到多故障融合 Agent 进行结果融合。最后,多故障融合 Agent 将最终结果传递到人机交互 Agent,界面显示故障部位和解决方案,用户可通过人机交互 Agent 对诊断结果进行评价。此外,当反馈信息合格时,管理 Agent 与故障诊断 Agent 解除合同,并向诊断预警 Agent 发送预警请求。

参 考 文 献

[1] 袁光杰,杨长来,王斌,等.国内地下储气库钻完井技术现状分析[J].天然气工业,2013,33(2):61–64.

[2] 王建军,付太森,薛承文,等.地下储气库套管和油管腐蚀选材分析[J].石油机械,2017,45(1):110–113.

[3] 王建军,孙建华,薛承文,等.地下储气库注采管柱气密封螺纹接头优选[J].天然气工业,2017,37(5):76–80.

[4] 国家发展和改革委员会.套管柱结构与强度设计:SY/T 5724—2008[S].北京:石油工业出版社,2008.

[5] 王建军.地下储气库注采管柱密封试验研究[J].石油机械,2014,42(11):170–173.

[6] 国家能源局.油气藏型地下储气库安全技术规程:SY 6805—2010[S].北京:石油工业出版社,2011.

[7] 汪雄雄,樊莲莲,刘双全,等.榆林南地下储气库注采井完井管柱的优化设计[J].天然气工业,2014,34(1):92–96.

[8] 朱强,杜鹏,王建军,等.特殊螺纹套管接头柱面/球面密封结构有限元分析[J].郑州大学学报(工学版),2016,37(5):82–85,90.

[9] 王建东,冯耀荣,林凯,等.特殊螺纹接头密封结构比对分析[J].中国石油大学学报(自然科学版),2010,34(5):126–130.

[10] 韩志勇.液压环境下的油井管柱力学[M].北京:石油工业出版社,2011.

[11] 高宝奎,高德利.高温高压井测试油管轴向力的计算方法及其应用[J].石油大学学报(自然科学版),2002,26(2):39–41.

[12] 《海上油气田完井手册》编委会.海上油气田完井手册[M].北京:石油工业出版社,1998.

[13] 王安琪,胡瑾秋,张来斌,等.地下储气库压缩机变工况下动态故障模式研究[J].中国安全科学学报,2013,23(8):140–143.